猫にいいこと大全

監修
茂木千恵（獣医師）
荒川真希（動物看護師）

主婦の友社

はじめに

猫はかしこくて敏感な動物です。

日々のちょっとした変化にも気づき、思わぬことにストレスを感じたり、好奇心をそそられたりもします。

飼い主さんにも興味津々で、今日はなんだかうれしげだな、とか、どうすれば遊んでもらえるかな、など、よく様子を見ています。


そんなふうに敏感なだけに、飼い主さんもふだんから愛猫をよく見て、安心して過ごせる環境を整え、心身を守ってあげる必要があります。毎日のふれあいも大切です。

猫に寄り添い、いつもと違う点はないか、何を求めているか、すぐに気づけるようになりたいですね。

本書では最新の研究・情報を踏まえ、猫の心身や生活、飼い主さんとのコミュニケーションなど、「猫にいいこと」をギュッとまとめました。

猫のすこやかな心身のために、また、愛される飼い主さんになるために、実践していただきたいことばかりです。

本書もヒントに、みなさんの猫たちが、のびのびと楽しい毎日を過ごせることを願っています。

茂木千恵
荒川真希

1章 猫の体にいいこと

睡眠

食事

ダイエット

水分

排泄

道具・グッズ

お出かけ

留守番

引っ越し

いざというとき

コラム

1
章

猫の体に いいこと

睡眠、食事、水分、運動、排泄、グルーミング、病気…
猫の健康寿命を延ばすために欠かせない情報ばかり。
自律神経、免疫、コロナや東洋医学など気になるトピックも。

昼間に安眠できる寝場所の確保を

　猫の睡眠時間は、成猫だと1日に14時間、子猫だと20時間ほど。一日の大半を寝て過ごします。ただ、これらの時間ずっとぐっすり寝ているわけではなく、なんとなく意識はあるウツラウツラ状態です。野生だと、いつ獲物が来るかわからず、熟睡していたら獲物を逃してしまいます。飼い猫にもその習性が残っているのです。

　そんなわけで、猫にとっての睡眠は「質より量」。熟睡しなくても、ダラダラと体を休ませていられたらオッケーなのです。

　猫は本来、明け方と夕方に活発になる「薄明薄暮性（はくめいはくぼせい）」です。人間と暮らす中で、飼い主さんの生活リズムにある程度合わせていますが、もともと昼間は寝ている習性なのです。活発な朝と夕方を除いて、昼間はゆっくり寝て過ごせるようにしてあげましょう。

　そのためには、安心できる寝場所を確保してあげることも大切。猫は野生時代のなごりとして、高い場所から周囲を見渡して監視し、安心したいという習性を持っています。そんなことから、できれば高いところにも、寝場所をひとつ確保してあげるといいですね。

睡眠

睡眠時間はその猫に合った長さで問題なし

「私は最低○時間眠らないとダメなの」というように、必要と思う睡眠時間は人によって違いがありますよね。私たちにも、起こされなければいつまでも寝ていられるロングスリーパー、その逆で、短時間でも平気なショートスリーパーの両方がいます。

猫の場合も同じで、睡眠時間が長いか短いかは個体差があります。寝ているときに物音がしても気にせずに寝ている猫もいれば、小さな音でもすぐに目を覚ます猫もいます。それは、生まれつきの性格と、生まれ育った環境によって変わってきます。

眠れないことが原因でストレスがたまっている、機嫌や体調が悪いといったことがなければ、睡眠時間はその猫その猫によって違っていても大丈夫です。

睡眠不足になる原因を知っておく

睡眠時間が短くても、体調や機嫌がよければ問題ありません。ただし、次のような様子が見られる場合は、必要な睡眠時間が足りていないことも考えられます。

・足跡がわかるくらい肉球に汗をかいている。
・多飲多尿。
・夜中に飼い主さんが困るくらい暴れ回る。
・ずっとシャーシャーいっている、ハアハアと息が荒い。

こういった様子が見られて、睡眠時間が短くなっていたら、動物病院で相談してみましょう。

睡眠不足を引き起こす原因は、左ページで紹介しているようにいろいろあります。ストレスや体調不良が原因の場合もあるので、早めに原因を特定し、対処することが大切です。

猫が睡眠不足になる主な原因

発情期で落ち着かない

春にかけて発情期になると、多くの猫は落ち着きがなくなります。飼い猫でも、外にいる猫の鳴き声に反応したり、窓から入ってくる発情期のメス猫が発するフェロモンのにおいを感じて睡眠不足になることも。避妊・去勢（p.72）で改善される場合もあります。

物音が気になる

聴覚が鋭い猫は、人間が気にならないような音でも気になります。特に、金属音や、紙やビニールなどをカシャカシャするような高音に敏感です。猫が寝ているときはそういった音を立てないよう気をつけましょう。子猫のときからいろんな音に慣れさせておくと、そんなに過敏にならなくなります（p.98～99「社会化」参照）。

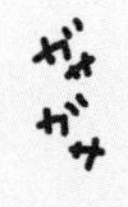

体に不調がある

ケガや病気で体に痛みや不快な箇所があると、リラックスできません。猫にも増えている花粉症で鼻が詰まって呼吸しづらかったり、高齢猫で心疾患があり、肺に水がたまって息が苦しいといったケースも。じっとしているとき苦しそうだったら、すぐに動物病院へ。

ストレスを感じている

安心できる寝場所がないと、ストレスから睡眠不足になります。部屋の温度や湿度、静かさなど快適さに加え、多頭飼いの場合は寝場所が十分かなどもチェックを。飼い主さんの中には昼寝している猫をかまってしまう人もいますが、猫にしてみると寝たい時間帯に邪魔されることがストレスになります。

睡眠

自律神経を整えるには睡眠の乱れに気をつける

自律神経を整えるためには、適切な睡眠が必要ということはよく知られています。猫の場合もそれは同じ。睡眠不足は自律神経の乱れだけでなく、脳神経の正常な発達を遅延させるといわれます。そうなると、音に対して過敏になって落ち着けなくなるなど、さまざまな支障が出てきてしまいます。

睡眠時間の確保はもちろんのこと、猫の自律神経を整えるためには、規則正しい生活、適切な食事管理、飼い主さんとのおだやかなコミュニケーションなども大切です。これらが欠けてしまうと自律神経が乱れ、不調につながってしまいます。

また、鍼灸やツボマッサージ（p.80〜82）も自律神経を整え、リラックスにも役立つといわれます。

睡眠

体内時計リセットのため朝日を浴びさせる

猫も人間と同じで、体内時計をリセットして、生活リズムを整えることが必要です。朝、カーテンを開けて太陽の光をとり込み、飼い主さんといっしょに猫も10～15分くらい日光浴できるといいですね。日光を浴びることで、体内時計が整います。曇りや雨の日の朝には、カーテンを開けて、窓辺で1時間ほど過ごせるといいでしょう。

また、日光を浴びることで脳内の神経伝達物質「セロトニン」が分泌され、この物質が安心や幸福感をもたらします。セロトニンは、夜に快眠をもたらす「メラトニン」という物質の材料になるので、睡眠にも重要なのです。

昼間に猫が寝ていてもわざわざ暗くしてあげる必要はありません。むしろ猫は、日の当たる窓際などで気持ちよさそうに寝ていますよね。ただ、夜は自然の明るさにならって暗めにして、昼夜のメリハリをつけることは必要です。

寝床は選択肢を増やし、満足度を高める

寝床の数

寝床は猫の頭数より多めに用意しておきましょう。ひと部屋にまとめて置くのではなく、猫が出入りする部屋に分散させるとベターです。

寝床の場所

床の上や高いところ、窓際など、気分で選べるようにしてあげると満足度が高まります。人の生活動線を避け、落ち着いて寝られる場所を選びましょう。猫がよくいるということは、その猫が好む場所なので、そこにベッドを置いてあげるのがいちばんです。

寝床の形・素材

猫ベッドには、いろいろな形や素材のものがあります。猫の習性として、丸まって寝たときすっぽりと自分の体が囲われて安心を感じる、円形タイプが好まれます。

素材はやわらかめの布製がいいですが、猫が吸ったり飲み込んだりしないように注意しましょう。母親に甘える代わりや、ストレスが原因で、布類をチューチュー吸う猫もいます。猫が吸ったときに、タオル地などのちぎれやすい素材だと、飲み込んでしまい腸閉塞を引き起こすおそれも。

毛布やタオルで くるまれることに慣らす

毛布の上にのるのは好きだけど、かぶせられたり、くるまれるのをいやがる猫もいます。子猫のうちから遊びを兼ねて、毛布やタオルにくるまれても安心だと教えておくといいでしょう。

タオルにくるまれることに抵抗がなければ、治療の際に動かないよう安全に保定するのにも役立ちます。

マイクロファイバーやフリースなど、ちぎれにくい素材を選ぶと安心です。

寝床の暖かさ

寒い時期には、寝床に湯たんぽやペット用ヒーターを入れてあげると、寒さがしのげて快適に眠れますが、全体に敷き詰めないようにします。また、床暖房やホットカーペットの上で寝る猫もいますが、低温やけど予防のために温度は高くしないこと。猫が自分で好きな暖かさのところへ移動できるようにすることが必要です。

いっしょに寝るかどうかは猫任せに

猫といっしょに寝るのは、飼い主さんの至福のときではないでしょうか。ただ、飼い主さんがいっしょに寝たいと思っても、そう思わない猫もいます。抱っこしてベッドに引き込むなどは、嫌われるもとです。**どこで寝るかは猫任せにすること**です。

それまでいっしょに寝ていたのに、ある日突然、飼い主さんの寝ているそばに来なくなった、というケースもあります。その場合、飼い主さんが睡眠中に寝返りをうって、その下敷きにされてトラウマになったなどの事情があるかもしれません。またいっしょに寝たいなら、ベッドはいいところだと思わせるように、ベッドの上でおやつをあげるなど、トラウマ解消に努めましょう（p.118も参照）。

元・外猫との共寝には注意

column

動物にも人間にも感染する「人獣共通感染症」にはさまざまな種類があり、猫から人にうつる病気もあります。完全室内飼いの猫は基本的に心配ありませんが、野外で保護した猫はその病気を持っている可能性があります。いっしょに寝ると感染のリスクが上がるので、先に動物病院でチェック、治療しておくほうがいいでしょう。

睡眠

横たわらないで寝ている場合は注意が必要

これが香箱座り。前足を折り込んでいて急に逃げたりできないので、本来は安心している際の座り方です。

猫の寝相にもいろいろありますね。体をぐるりと丸めた「アンモニャイト」と呼ばれる寝姿がよく見られますが、リラックスしている猫の中には、あおむけでおなかを見せた無防備な「へそ天」の姿勢で寝ている場合もあります。

寝るときの姿勢で注意したいのは、ずっと横たわらない場合。前足を折り込んでうずくまった状態を「香箱座り（こうばこずわり）」といい、本来はリラックスしたときの座り方です。この座り方でウトウトしていても、通常はやがて体を横にして寝ます。でも、ずっとこの姿勢で体を起こしたまま寝ているようなら、横たわることができない何かしらの原因があるのかもしれません。**横になると体が痛いとか、周囲に警戒するものがあって安眠できない**などの理由が考えられます。

半目になっていたり、土下座のようにうずくまって頭を抱え込んだ寝姿勢（いわゆる「ごめん寝」）も、完全にはリラックスしていない状態。また、手で顔を隠して寝ているのは、まぶしいか邪魔されたくない気持ちの表れです。

食事

5大栄養素+水をもれなく与える

猫の食事に関していちばん大切なのは、必要となる栄養素をバランスよく摂らせること。5大栄養素のタンパク質、炭水化物、脂肪、ビタミン、ミネラルにプラスして、「第6の栄養素」といわれる水分も欠かせません。

フードに気をつけていても、水分の重要性は見落とされがちです。猫がかかりやすい慢性腎臓病、尿石症（ともにp.76）を防ぐためにも、子猫時代から水分摂取に気をつけてあげることが大切です。

また、さまざまな病気のもとになる肥満を防ぐ食生活も重要。食事の量やおやつの与えすぎに注意して、人間の食事を与えないことも心がけてください。

食事、水分の適切な管理が、猫の健康寿命を延ばすことにつながるのです。

食事

猫の食べ方によって与える回数を変える

日中は仕事に出ているなどで、回数を分けて与えることがむずかしい場合、自動給餌器を利用すると便利です。

猫の本来の食べ方は、少しの量を何回も食べる「少量頻回」です。一方、犬は出された分だけ一度に食べます。

これは野生時代の習性のなごりで、群れで行動していた犬は大きな獲物を狩り、一度におなかいっぱい食べていました。それに対し、単独で行動していた猫は、ネズミなど小さな獲物しか捕まえられず、少量頻回の採食パターンになったのです。

そのようなわけで、ちょこちょこ何度も食べる猫の場合には、半日分程度のドライフードを器に入れて、好きなときに食べられるようにしてもいいでしょう。ただ、一度に食べてしまう猫もいるので、その場合は数回に分割を。

また、多頭飼いでは、自分以外の分のフードまで食べてしまう猫がいる可能性もあるので、まとめて置いておかないほうがいいでしょう。

回数はそれぞれでも、1日に与えるトータルの分量はきちんと守ることが大切です。

なお、ウェットフードはいたみやすいので1〜2時間で下げるほうがよく、置き餌には向きません。ドライフードでも、1日経ったら取り替えを。

食事

目的、かたさの違いでフードを選ぶ

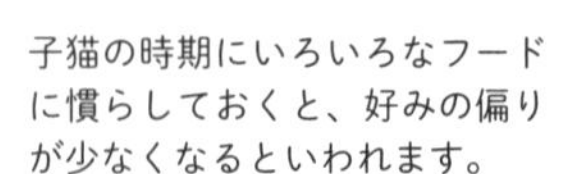

子猫の時期にいろいろなフードに慣らしておくと、好みの偏りが少なくなるといわれます。

総合栄養食と一般食

キャットフードにはさまざまな商品がありますが、主食としては「総合栄養食」を選びます。体重に合わせた量と水を与えることで、必要な栄養が摂れるように作られているフードです。

また、年齢によって必要な栄養成分量には違いがあります。総合栄養食には年齢に合わせた種類があるので、成長とともに切り替えましょう。

総合栄養食以外には、「一般食」や「副食」と表記されるフードがあります。ごはん（主食）に対するおかずのようなイメージです。人間もおかずだけでは栄養が足りず、主食が必要になりますが、一般食（副食）もそれだけでは栄養が偏ってしまうので、トッピングとして使うなど、総合栄養食と組み合わせて与えることが必要です。

ほかには、特定の栄養成分の調整やカロリーを補給するための「栄養補完食」、病気の猫の食事管理を目的とした「特別療法食」などがあり、これらは基本的に獣医師の指導のもとで与えます。

キャットフードの分類

●目的別

総合栄養食	一般食（副食）
・水とあわせて与えれば栄養が過不足なく摂れる。 ・年齢別に分かれている。 ・ドライタイプが主で、一部ウェットタイプも。	・総合栄養食と組み合わせて使う。 ・ウェットタイプが多く、缶詰やパウチ状が主流。

●かたさ別

ドライフード	ウェットフード
・保存性がよく、扱いやすい。 ・長時間食器に出しておける。 ・栄養に優れたものが多い。	・食感や風味がよく、好む猫が多い。 ・水分補給にもなる。 ・いたみやすく1～2時間で食べきる必要がある。 ・一般食（副食）のものが多い。

食に気まぐれな猫も。今日食べなくても明日また食べることもあるので、一喜一憂せずに対応を。

ドライとウェット

キャットフードは水分含有量の違いによって、ドライとウェットに分類されます。ドライの水分量は10％ほどでカリカリの食感、ウェットの水分量は75％ほどでやわらかな食感です。中間のセミモイストタイプもあります。

総合栄養食はドライフードが主ですが、一部のウェットフードも含まれます。

ドライフードのみ与えられている猫と、ウェットフードも与えられている猫では、必要な飲水量が違ってきます（p.35参照）。

食事

あえて魚や野菜を与えなくてもいい

猫は魚が好き、と思うのは日本人だけの感覚だといわれます。フードも日本で売られているものには魚系が多いですが、欧米ではチキンなど肉系のものが主流です。

もともと野生の猫はネズミや昆虫、カエルなどを食べていたので、タンパク質、アミノ酸など必要な栄養素が摂れていれば、魚にこだわる必要はありません。

野菜の芳香に引かれ、ブロッコリーなどを好む猫はいます。与えてはいけない野菜（p.29）を除き、味つけをせず、生野菜やゆで野菜を与える分には問題ありません。

ただ、総合栄養食のフードには食物繊維も含まれているので、便通をよくするためにといったねらいで、わざわざ野菜を追加で与えなくても大丈夫です。

魚も肉も好き♥

猫草はあるといいの？

column

便通をよくしたり、毛玉を吐きやすくするために、猫草を与えてもいいですが、必須ではありません。ただ、好んで植物をかじる猫もいますので、その場合、常備してあげてもいいでしょう。

食事

手作り食はハードルが高いと覚悟しておく

少しでもおいしくて、安全なものを与えたいと、手作り食を考える飼い主さんも少なくありません。

手作り食を与える場合は、**猫に必要な栄養素を正しく理解しておくことが大前提**です。スーパーなどで手軽に入手できる食材で、それら栄養をバランスよく含んだ食事を作るのは相当ハードルが高くなります。1日単位ではむずかしく、過不足なく与えるために1週間ほどのサイクルで考えたほうがいいでしょう。

ただし、病気になって療法食のフードを与えることが必要になったり、被災時に避難所で自由に調理できなかったりといった可能性もあるので、**フードにも慣れさせておくことが必要**です。

食事

猫によくない食べ物を与えないよう注意

人間の食べ物は、基本的にあげないこと。ほしがるから、猫に好かれたいからと、あげてしまうのは人間の都合です。人間と猫では必要な栄養素のバランスが違うだけでなく、消化機能も違います。人間が食べて平気でも、猫が食べると消化不良で下痢を起こしたり、中毒を起こす食べ物があります。人間用に味つけされたものは、塩分や糖分が多いなどで、猫の体の負担にもなります。

一度味を知ってしまうと、そのあともほしがるようになって食卓にのってくるなど、長年の悩みになる悪い習慣の引き金になる可能性もあります。最初からフードのみにしておけば、互いにストレスになることもありません。

猫が食べると危険な食材

●下痢などを起こすもの

猫が消化不良を起こしやすい食べ物です。

- エビ、カニ、イカ、タコ、貝類
  （イカ、タコは中毒を起こす場合も）
- 人間用の牛乳、乳製品
- きのこ類
- こんにゃく
- 生肉・生魚
- 天ぷら油
- くだもの

など

●中毒を起こすもの

けいれんや嘔吐、下痢などの症状が出て、命に関わる場合も。煮汁も与えないで。

- ネギ類
  （タマネギ、長ネギ、ニラなど）
- チョコレートなどのカカオ類
- アルコール類
- ナッツ類
  （アーモンドなど）
- レーズン＆ぶどう
- アボカド

など

※食べ物以外で、猫が食べると危険な植物については p.166～167 へ。

column

猫にもいい食材

腸内環境が乱れていると体にさまざまなトラブルが起こるといわれ、それは猫も同様です。「**オリゴ糖**」は腸内環境を整える効果があり、フラクトオリゴ糖は昔からペットフードにも使用されています。

また、「**オメガ-3脂肪酸**」は、腎機能低下を予防し、腎臓病の療法食にも含まれます。魚油やクリルオイルに多く含まれ、ペット用のサプリメントなども販売されています。

いずれも与えすぎはよくないため、与える際は獣医師に相談しましょう。

食事

おやつは与える量とタイミングが大事

猫用のおやつは、チーズやクッキー、ペースト状になっているものなど、多様なタイプが市販されています。

きちんとフードを与えていれば、おやつは本来必要ないものです。ただ、爪切りや通院など猫が苦手なことの際に与えるのは、いやな記憶を残さない手段として効果的です（p.101参照）。飼い主さんとのコミュニケーションの一助にもなります。

与えるときは、**1日に必要なエネルギー量の2割程度までにとどめてください**。運動量が多いならそこまで厳密でなくてもいいのですが、肥満予防のためにも、おやつを与えた分フードの量を減らしましょう。おやつだけ食べてしまうと、フードを食べなくなってしまい、栄養バランスがくずれてしまいます。

おやつタイムを決め、日課のひとつに

できればおやつタイムは、毎日一定の時間にすると、ルーティンを好む猫にはベター。明け方や夕方など猫が活発になる時間帯だと、飼い主さんに対する注目度や欲求も高まっています。その時間帯に、おやつを活用しながらグルーミングやトレーニングをするのが有効です。

たとえば、飼い主さんの差し出した手にオテができたらおやつをあげます。

必ず猫用のおやつを選ぶことも気をつけましょう。犬用の半生おやつに含まれるプロピレングリコールという添加物で、猫が中毒を起こした報告もあります。

煮干しやかつお節など、ミネラル分が多く含まれているものは、尿石症（p.76）の原因になるので、与えすぎには注意しましょう。

食事

食欲がないときにはフードを温めてみる

フードを温めると香りがアップするので、食欲がダウンしているときに試してもいいですね。ウェットフードが向いています。

獲物の体温に近い37〜38度くらいにすると、食いつきがよくなるといわれます。

水も温めてあげるという飼い主さんもいますが、水の好みは猫によってさまざま。冷たいほうがいいのか、温めると飲みがよくなるのか、両方試してみて様子を見てもいいでしょう。もちろん熱すぎるのはNGで、人肌程度にとどめましょう。

食事

おやつも食べないときは動物病院へ

食欲が落ちていると思ったとき、本当に食欲がないのかまず確認します。

フードを残しても、おやつは食べるのであれば、フードに何らかの理由がある可能性が考えられます。食べてくれるフードを探して与えるようにしましょう。

「食欲がない」の目安は、1日何も口にしないという状態です。フードも好きなおやつも食べない場合は、体に何かしらの異常が起きていることが考えられます。

食欲不振が長期化すると引き起こされる病気として、肝リピドーシス（p.77）があります。特に肥満体型の猫が発症しやすい病気です。命に関わる場合もあるので、太りぎみの猫が1日何も食べなかったときは、すぐに動物病院を受診しましょう。

column

マタタビで食欲アップ？

マタタビをフードに混ぜて与えると、食いつきがよくなる猫もいます。ただ、「食欲がないからマタタビ」とやみくもに与えてはいけません。まずは食欲ダウンの理由を把握し、マタタビはまれに使う奥の手ぐらいの扱いにしましょう。

ダイエット

太った猫は食事とともに運動量を見直す

ダイエットのためにと食事量をいきなり減らしてしまうと、それが猫のストレスになることがあります。

量を少しずつ調整するとともに、食事の回数がそれまで1日2回だったのであれば、3~4回に小分けするなど、**回数を増やすようにするとベター**。1回量少なめでちょこちょこ食べるほうが、空腹感がまぎれるからです。

また、**食事を減らすだけでなく、運動量を増やすことも必要**です。キャットタワーに上がったらフードを1粒ずつあげるなど、コミュニケーションをとりながら運動させてみるのもいいですね。ただし、太った猫に急にさせると体に負担がかかるので、猫の様子を見ながら無理のない範囲で行いましょう。

穴をあけたペットボトルにドライフードを入れ、転がすと出てくる仕掛けにしたり、フタをスライドさせるとフードが出てくる知育玩具を使うなど、**時間をかけて食べさせる工夫も有効**です。

ダイエット用のフードもあるので、獣医師に相談のうえ活用することも選択肢に。

ダイエットは無理なく！

水分

必要な水分量を把握しておく

水分摂取は猫にとって非常に重要です。水分不足は、慢性腎臓病や尿石症（ともにp.76）、膀胱炎などの病気につながります。慢性腎臓病にかかってしまうと、逆に水を飲む量が増える傾向があります。
水分摂取が多いか少ないか、まずは健康時の飲水量を知っておくことが、病気の早期発見にもつながります。1日の水分要求量は、1日あたりのエネルギー要求量（kcal／日）とほぼ同じです。
ウェットフードを食べている場合は、その水分量を引いて考えても大丈夫です。

電卓を使った水分要求量の計算方法

電卓があれば、下のような計算で正確な水分要求量を調べることができます。

例 体重３kgの成猫の場合

❶ 体重を**3乗**する
3×3×3＝**27**

❷ √（ルート）を2回押す

❸ その値に**70**をかける→159.57

❹ その値に**1.2**※をかける→
191.48kcal／日
（1日あたりのエネルギー要求量）
≒ **191.48ml**（水分要求量）

※避妊・去勢手術をしている成猫の場合。未手術の場合は1.4をかける。
★スマホの電卓アプリの場合、画面を横向きに表示すると√マークが出てくるものが多いでしょう。iPhoneの電卓の場合は ²√x というキーが該当します。

水を十分に飲んでくれる場所や食器を見極める

健康のため水分摂取は大切ですが、もともと砂漠にすんでいた猫は水をそんなに飲まない性質があります。こだわりが強かったり、個体差もあるので、水を積極的に飲むよう、猫に合わせた飼い主さんの工夫が必要になります。

猫が十分に水を飲んでくれるように、水飲み場をどこにするか、水飲み用食器はどんなものがいいのかを知っておきましょう。

水を飲む場所

水飲み場は家の複数箇所に

トイレに行ったついでや寝起きの際など、猫によって飲むタイミングは違うので、猫がよく行く場所に複数の水飲み場をつくっておきましょう。常に新鮮な水を好む猫もいれば、しばらくおいてカルキ臭が抜けた水を好む猫もいたり、そのときどきで好みが変わることも。入れておく水も複数のタイプにしておくと、猫が好きなものを選べ、飲む率も上がります。

column

お風呂場で水を飲みたがるのは?

フードのそばに水を置いていても飲まず、お風呂場で水を飲むことを好む猫もいます。これは、野生時代、獲物を食べるのは森の中、水を飲むには川まで行っていたなごりです。なので、水飲み場は食事場所から離れたところにあるほうが本来の猫の習性に沿っているとはいえます。おぼれないよう浴槽の水は抜いて、入浴剤入りの水も飲まないよう気をつけてあげましょう。

水飲み用食器

頭数プラス1個は用意

複数の水飲み場をつくるため、１匹飼いの場合でも最低２つは食器が必要。多頭飼いの場合も猫の頭数＋１個を最低数と考えて。

水飲み用食器を猫同士で共有させている家庭もありますが、他の猫の唾液が入った水を飲みたがらない猫もいます。

大きさの好みも多様

水飲み用食器が小さいとフチにヒゲが当たり、それで食器の幅がわかって飲みやすい、安心という猫もいます。逆に、ヒゲが当たるのがいやで、幅が広い食器を好む猫も。

いろいろな大きさのものを用意して、猫の好みを見つけてあげましょう（素材についてはp.179参照）。

食器は常に清潔に

基本的に１日１回は水を取り替えてきれいなものにしましょう。その際に食器も丸洗いして清潔にします。少しでも汚れた水は飲まない猫であれば、できる範囲でまめに取り替えてあげてください。

水分

飲み水は水道水で問題ナシ

猫の飲み水は、基本的に水道水で問題ありません。カルキ臭を好まない猫の場合は、少しおいてから与えるといいでしょう。

ミネラルウォーターのほうが健康によさそうと思われがちですが、猫にはそうとも限りません。硬水のタイプにはマグネシウムやカルシウムが多く含まれているので、尿石症（p.76）の原因となるおそれがあります。もし与えるなら、軟水のタイプを選びましょう。外国産のミネラルウォーターは硬水が主流なので注意が必要です。

水分

鶏肉や魚の煮汁も水分補給に役立てる

水をなかなか飲んでくれないのであれば、水ににおいをつけてあげるのも工夫のひとつになります。

味つけをしていない状態の鶏肉や魚の煮汁を、飲み水に加えてみましょう。においに反応して、飲んでくれることがあります。ただし、水だけの場合と違っていたみやすいため、半日で取り替えることは必要です。

また、煮汁をドライフードにかけてもいいでしょう。フードといっしょに水分を摂ることができます。この場合も、食べ残したフードはいたみやすいので、置きっぱなしにせず半日で片づけること。

ドライフードに加え、水分含有量が多いウェットフードを与えてもいいですね。

水分

ミルクをあげる場合、太っている猫は注意を

水を飲んでくれないとき、**代用として猫用ミルク**をあげてもかまいません。ただし、水と違って、**ミルクはカロリーが高めなので、肥満体型の猫の場合、与えすぎに気をつける**必要があります。

与える場合、**ミルクは必ず猫用のものを。**人間用の牛乳に含まれる乳糖は猫の体では分解できず、下痢を起こすことがあるからです。

ペット用のミルクにはヤギミルク（ゴートミルク）もありますが、アレルギーを起こす猫がいます。飲んだあと、かゆがっている、目のまわりや耳の先の毛が抜けるなどの様子が見られたら、使用をやめましょう。

ヤギミルクに限らず、**初めての飲食物を与えるのは、動物病院が開いているタイミングがいいでしょう。**何らかの異変があった場合、すぐに受診できるので安心です。

水分

食べる回数や活動量を増やして水分摂取を促す

いろいろ工夫しているのに、猫の飲水量が増えないのであれば、食事の回数を増やすという方法もあります。1日に与えるフードの量はそのままで、回数を小分けにするのです。猫は食事のあとに水を飲むことが多いといわれているので、水分摂取を促す工夫になります。

人間も猫も、**食物からとり入れた栄養素を体内で燃焼する際に、「代謝水（たいしゃすい）」と呼ばれる水分が出ます。**この量は一般に、人間だと1日300㎖ほどといわれます。栄養素によって代謝水ができる量に違いはありますが、活動量を増やすことで代謝が上がります。体内に代謝水ができると、尿として水分の排泄が促されます。そうして水分が出ていくことにより、自然と水分摂取が促されるのです。

とはいえ、代謝水の量はまちまちなので、まずはこれまで挙げたような飲水量アップ法を試してみてください。

排泄

おしっこ、うんちは健康時の状態を把握する

排泄の様子や排泄物を把握しておくことは、「いつもと違う」ことに早めに気づくために大切です。

おしっこやうんちは健康のバロメーター。健康なときの状態を把握しておき、いつもと違うと思ったら、早めに動物病院で診てもらうことが大切です。

おしっこ、うんちそれぞれの量や回数、色（うんちは形状も）がいつもと違っていないかどうか。うんちは目で確認しやすいので異常に気づきやすいのですが、おしっこも注意して見ておきましょう。

ときどき排泄の様子も見て、不自然な姿勢をしていないか、排泄時に痛そうにしていないかなどのチェックも。

排泄

1日5回以上の頻尿なら、病気を疑う

猫の場合、**おしっこの回数は1日に平均2回程度です。**オス猫のマーキング（p.122）は排尿回数には含めません。

排尿量は飲水量によっても違ってくるため、個体により回数差もあります。ただ、**1日に5回以上おしっこをするのであれば、頻尿です。**

回数が多いだけでなく、**病気の可能性が考えられるときは、色やにおいにも変化が見られます。**いつもに比べてにおいがしない、色が薄くなったというときは、慢性腎臓病（p.76）などが疑われるので、早めに動物病院で診てもらいましょう。

おしっこの異常は気づきにくいので、健診以外に、定期的な尿検査を行うのもおすすめです（p.51）。

排泄

うんちのかたさ、におい、色をチェックしよう

うんちを病院に持参する際には、ティッシュにくるまず、ビニール袋やプラスチック容器などに入れましょう。

うんちの回数は1日1回以上。**やわらかすぎず、かたすぎず、つまんでもくずれないのが健康なかたさです。**毛が混ざっていたり、水分摂取が少ないとかたくなりがちです。

動物性タンパク質を多く摂るとにおいが強まります。ほかに、においが強くなる場合は下痢や寄生虫がおなかにいることがあるので、**うんちの形状とあわせてにおいもチェックしましょう。**

うんちの色は、食べているフードに近くなり、褐色か茶褐色が一般的。赤っぽい、白っぽいうんちは出血や内臓不調のおそれがあるので要注意です。黒すぎるうんちの場合も、血が混ざっている場合があります。

おかしいと思ったら、うんちを採って動物病院に持参して相談をしてみましょう。できるだけ排便したてのうんちを、ティッシュや紙に包まず持っていくほうが正確な診断ができます。

排泄

おしっこは1日、うんちは3日出ないなら受診を

頻尿の場合だけでなく、**おしっこが1日以上出ていないときも、動物病院で診てもらうことが大切。**猫は尿石症（p.76）など泌尿器系のトラブルが多いため、早期発見・早期治療を心がけたいもの。

うんちの量は、食物繊維を多く摂ると増えます。肥満予防用のフードは食物繊維が多く含まれているので、うんちの量も増えがちです。**量が少なくても、1日1回出ていれば便秘ではありません。**

うんちが出ないことが3日以上続いたら、動物病院へ。ただし、うんちも出ないし、いつもと比べて元気がない、食欲がないなど、ふだんと違う様子が見られるときには、3日待たずに診察を受けましょう。

トイレ

サイズは体長の1.5倍以上、数は頭数＋1個を

野生時代の猫は広い野外で排泄していたので、トイレも広いほうがストレスはありません。できれば、**体長の1.5倍以上の大きさがあるほうがいいですね。**

猫用トイレには屋根つきのものもありますが、屋根の有り無しには、猫は特にこだわりません。ただ、屋根があることでにおいがこもりやすく、それが原因で入るのをいやがる猫も。逆に、屋根で覆われていると安心して排泄できる猫もいます。

トイレの数は飼育頭数＋1が理想的。まめに掃除をするからといっても、留守中など目が届かないこともあります。予備のトイレがあれば猫も快適です。

砂をかけずにすぐに出てきてしまうようなら、トイレの居心地が悪くて一刻も早く離れたいのかもしれません。トイレ嫌いがひどくなると、トイレ以外の場所で排泄するようになる猫もいます。

猫がトイレをいやがる様子が見えたら、心身の健康に関わることなので、トイレの何がいやなのか見極め、早めの対処が必要です。

トイレの居心地は
大切ニャのだ

トイレ

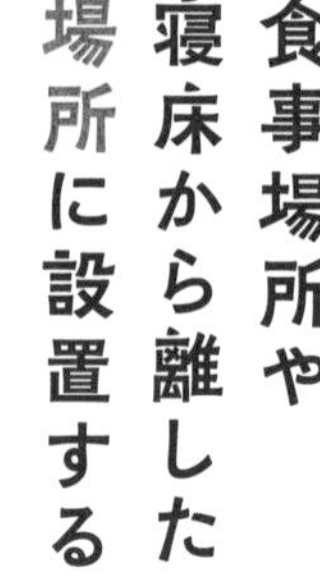

食事場所や寝床から離した場所に設置する

他の猫がトイレの使用中には自分は排泄できない繊細な猫もいます。

トイレを置くのは、静かな場所を選んでください。人がよく通ったり、騒がしい場所では、猫は落ち着いて排泄できません。また、猫の習性として、**食事場所や寝床の近くで排泄はしないため、トイレはそれらからなるべく離れた場所に設置します。**

多頭飼いの場合、猫同士の関係性によっては、他の猫のそばを通ってトイレまで行けない猫もいます。その場合、たとえば、洗面所の奥や廊下の突き当たりなどにトイレがあって、その途上に他の猫がいると、トイレにたどり着けません。**できれば1つ以上の方向から行ける場所にトイレがあるといいですね。**

猫は逃げ場がないところで無防備になるのをいやがる習性があり、本当はトイレも出入りしやすい場所にあると安心します。とはいえ、飼い主さんからしてみると、猫トイレは邪魔にならない隅っこや目立たない場所に置きたいものでしょう。家の状況とあわせ、できる範囲で猫が排泄しやすい場所を選んであげてください。

トイレ

2週間に1回は丸洗いして清潔に保つ

トイレがうんちやおしっこで汚れたら、その都度掃除して清潔に保つようにしましょう。人間も汚いトイレを使いたくないように、猫もきれいなトイレがいいのです。

特に多頭飼いの場合、他の猫の排泄物のにおいが残っているとそのトイレを使わなくなり、トイレ以外の場所で排泄する原因にもなります。

トイレ砂やシートの取り替えだけでなく、トイレ自体の洗浄も定期的に。毎日使っていると、トイレにも汚れは付着します。**2週間に1回はトイレ全体を丸洗いすることが必要です。**

洗ったあとは天日干しするのが理想ですが、もしトイレが1つしかないと、乾くまでの間、トイレがない状態になるのも困りもの。その場合は水分をしっかり拭き取り、すぐに元の場所へ戻してもいいでしょう。

トイレ

トイレ用の砂は自然に近いものが好まれる

猫のトイレ用の砂は千差万別です。鉱物系や紙系、おから、木材、シリカゲルなど、素材もさまざま。粒の大きさもいろいろですが、**自然の砂や土に近く感じられる細かいサイズが猫に好まれます。**

素材やサイズにこだわりの強い猫もいますが、どんなタイプでも気にしないという猫もいます。用意したトイレ砂で排泄できているのであれば、問題ありません。

猫が快適に使えるのはもちろんですが、飼い主さんの掃除のしやすさなども考えて選ぶといいでしょう。トイレとあわせてセレクトを。

排泄物に砂をかけて隠すのが猫の習性。カキカキしやすいトイレ砂を好む猫もいます。

トイレ

猫の排泄管理に IoTトイレの活用も

「IoT（アイオーティー）」という言葉を耳にする機会が増えています。IoTとは「Internet of Things」で、一般に「モノのインターネット」と訳されます。これは身のまわりのあらゆるものをネットを介して制御・操作するしくみのことです。

猫のトイレにも、IoTがとり入れられたものがあり、アプリと連動してスマホなどからデータが見られます。トイレ使用時の**猫の体重や排尿量、1日のトイレ回数のほか、いつもより回数が多いとアラートで知らせてくれる**など、製品によってさまざまな機能があります。カメラがついていて、排泄中の猫の動画がスマホで見られる機種も。

尿量の増減で病気に早めに気づけたり、長期のデータが記録できるので病気の経過を追う助けになったり、健康管理に役立ちます。

定期的な尿検査を

猫に多いのが泌尿器系の病気です。特に、高齢になるにつれ慢性腎臓病（p.76）のリスクが高くなります。**年に数回、尿検査を行うことが病気の早期発見につながります。**

尿検査のときには、猫を連れていかなくても大丈夫。採ったおしっこを持参し、調べてもらいます。検査結果で何か異常があったら受診すれば、猫の負担も減ります。

先に動物病院に確認を

いきなり尿を持っていくのではなく、健診のときなどに尿検査について確認を。検査のタイミングや、必要な量や採尿の方法なども、動物病院の助言を受けましょう。

清潔な容器で持参を

採った尿はきれいな容器に入れましょう。汚れた容器だと検査に支障が出る場合も。容器を用意してくれる動物病院もあるので、確認してみましょう。尿は新鮮なほうが正確な診断ができます。

2段式トイレは採尿しやすい

2段式トイレの場合、上段にそのトイレ用の新しい砂を入れ、下段にペットシーツなどの吸収素材を敷かずに使用し、たまった尿をスポイトなどで採る方法もあります。尿が染み込んだシーツやトイレ砂を持参しても検査はできません。

運動

1日15～20分ほど体を動かす機会をつくる

　動かずに食っちゃ寝しているだけでは、猫も肥満になってしまいます。現在の飼い猫は完全室内飼育が主流なので、運動不足ぎみです。おやつのもらいすぎなどで栄養過多にもなりがちで、近年、ぽっちゃり、でっぷりした猫も増えています。

　肥満はいろいろな病気を引き起こす原因になるので、健康寿命を延ばしたいなら予防する必要があります。

　適度な運動は肥満防止だけでなくストレス発散にもなり、脳内にいい刺激を与えるので、うつ（p.111）や認知症（p.75）などの予防にもつながります。

　飼い主さんが遊んであげることで、体を動かす機会をつくりましょう。目安は1日15～20分ほど。長時間だと猫が飽きたり、飼い主さんも時間がとりづらいかもしれませんので、10分を2回などに分けてもいいですね。

column

屋外散歩はメリットなし

　運動のためにと、屋外で散歩をさせるのはおすすめできません。1回でも行った場所を猫はテリトリーと見なすため、そこに自由に行けないことにストレスを感じます。外に出ることで感染症のリスクも高くなるので、運動は室内で行いましょう。

運動

猫が遊びたがるときが体を動かすチャンス

運動が体にいいとはいえ、猫を無理に動かそうとするのはストレスになります。**猫が自分から動きたくなるのを待ちましょう。**

飼い主さんに「ニャー」と甘えてきたときや、おもちゃをくわえてきたときがチャンスです。要求に応えてくれたと、飼い主さんへの好感度もアップ。また、猫じゃらしは猫の狩猟本能をくすぐる便利なおもちゃです。ふだんはしまっておいて、活発になっているときに使うようにすれば、魅力が長もちします。

猫から要求する様子がなければ、おもちゃを見せるなどして飼い主さんから遊びに誘ってもいいですね。ただ、猫の気が向かなさそうなときや、猫が離れていったときは、しつこくしないこと。

子猫のときから体を動かす楽しみを教え、足腰を鍛えておきたいもの。**高齢猫は体を動かす前に、手足を軽くマッサージしてあげても。**

太っている猫は体を動かすのがつらいことがあります。また、体に痛みがあって動けない猫も。まずは体重を減らす、痛みの原因を取り除くことを優先します。

運動

上下運動ができる部屋づくりを

運動や遊びのためには、安全に動き回ることができるスペースが必要です。猫の場合は横に広くというよりも、上下運動を意識して、縦に動ける工夫をしてあげましょう。

猫には高い場所からまわりを見渡したいという習性があり、高所に登ることを好みます。そんな習性を発揮できるようにするためにも、キャットタワーやキャットウォークなど、猫が自由に高いところへ移動ができるものを設置するといいですね。キャットタワーやキャットウォークが置けない場合は、家具で段差をつくる手も（p.157参照）。

そのように、猫が上下運動できる部屋づくりを工夫してあげてください。

運動

夜の運動会対策には日中体を動かさせること

猫が夜間、興奮して走り回ることがあります。いわゆる「夜の運動会」ですね。

飼い主さんが困らないのであればそのままでもかまいませんが、それが原因で寝不足になるのはつらいもの。

猫はもともと暗くなってから狩りをしていました。飼い猫は狩りをしないので、日中に運動が足りないと、摂取エネルギーが消費できていないことも。すると、エネルギーがあり余って眠れないのです。また、日中留守番をしていて、夜に飼い主さんが帰ってきたことでテンションが上がって走り回るという可能性も。

対策としては、猫が活発になる朝や夕方にしっかり体を動かさせること。または、寝る前に猫が飽きるまで遊んであげ、エネルギーを発散させるといいでしょう。

ただ、夜間に空腹で目がさえて騒いでいる場合もあります。寝る前におなかがすいている様子を見せたら少しフードをあげ、安眠できるようにしてあげましょう。

column

猫同士の追いかけっこ遊びかケンカかの見分け方

多頭飼いで走り回っているとき、ケンカなのか遊びなのかわからないことがありますね。鳴き声を出さず、追う側と追われる側が入れ替わっていくなら遊びです。鳴き声が出て、片方だけが一方的に受け身になっていたら、ケンカだったりいじめられていたりしている状態なので、追いかけられているほうを避難させるなど、飼い主さんが介入を。

グルーミング

お手入れでは爪切りを最優先に

猫は自分で毛づくろいをしますが、届かない場所もあります。ブラッシングだけでなく、爪切りや歯みがきなど、健康・衛生維持のためには、飼い主さんによるお手入れが必要です。

人と暮らしていくことを考えると、まず欠かせないのが爪切りです。猫の爪は鋭く、引っかかれると危険です。ブラッシングや歯みがきなどをいやがって、飼い主さんを引っかくこともあるので、お手入れの中ではまず爪切りをしましょう。爪をカーペットなどに引っかけるとケガのもとなので、猫の安全のためにも大切なのです。

高齢猫は老化で靭帯が伸び、爪が出っぱなしになりやすいので、こまめに爪のケアを。

グルーミング

爪切りは猫の睡眠中や2人がかりで行う

猫は足先をさわられるのをいやがることが多いので、子猫のころから爪切りに慣れさせておきたいもの。暴れてしまい、抱っこしての爪切りがむずかしい場合は、**寝ている間に1本ずつカットする**ようにします。また、家族がいる場合は、**ひとりが猫におやつを与えて気をそらしている間にもうひとりが爪を切る**という方法もあります。

どうしてもむずかしい場合は、爪切りをしてくれる動物病院やトリミングサロンもあるので、相談してみても。

爪切りを行うのは、2週間に1回くらいが目安ですが、爪が伸びる速さには個体差があります。また、爪とぎをよくするかどうかでも、爪の長さに違いが出ます。爪が飼い主さんの洋服や室内のカーペットに引っかかるようなことがあれば、切るタイミングでしょう。

与えるおやつは、猫がなめ続けられ、長もちするものに。

短毛種、長毛種に合わせたブラッシングを

ブラッシングは、抜け毛や被毛についた汚れを取り除くだけでなく、皮膚に適度な刺激を与えるので、血行促進にもつながります。

猫は自分でも毛づくろいをするので、短毛種は毎日ブラッシングしなくても大丈夫ですが、春と秋の**換毛期**には**抜け毛が増えるので、こまめに行いましょう。長毛種は毛**がからまったり、**毛玉になり**やすいため、**毎日のブラッシングが必要です。**

短毛種ならラバーブラシ、**長毛種ならピンが長めのピンブラシやソフトスリッカーブラシが向いています。**細かい部分をとかしたり、最後に毛を整えるのにコームもあると便利です。いずれもやわらかく持ち、やさしくブラッシングを。強い力をかけると、皮膚をいためてしまいます。

いやがる猫には、ブラッシングの際におやつをあげて。「ブラッシングはおいしくて気持ちいいものだ」と、プラスのイメージを持つようになります。

グルーミング

毛玉を吐く回数がいつもより増えたら動物病院へ

毛づくろいをするときに、猫は自分の毛を飲み込みます。うんちに混ざって排出される毛もありますが、多くは胃の中で固まって毛玉になり、猫はそれを定期的に吐き出します。この毛玉吐きはセルフグルーミングする動物には自然なことで、それ自体を心配する必要はありません。むしろ、吐かないと胃に毛がたまったり、胃の中で毛玉が大きくなりすぎる「毛球症（もうきゅうしょう）」になってしまいます。

毛玉吐きは数週間～数カ月に1回と、猫によって頻度は異なります。長毛種の場合や、多頭飼いで他の猫の毛づくろいもする猫は、吐き出す回数が多くなりがちです。また、ストレスで体をなめる続けることがあり、その場合にも毛玉吐きの回数が増えることがあります。

いつもに比べて吐き出す回数が増えた、吐いた毛玉に粘液や未消化物が混ざっている、吐いたあとに元気がないといった場合には要注意。すぐに受診しましょう。

グルーミング

汚れやにおいが気になったらシャンプーを

完全室内飼育であれば、**短毛種はよっぽど汚れない限り、シャンプーは必須ではありません。長毛種は、ブラッシングだけでは抜け毛や汚れが取りきれない場合も。**さらに、おしりまわりや足先が汚れている、においが気になるといったときは、シャンプーしてあげるといいでしょう。

もともと砂漠にすんでいた猫には、水に入るのが苦手な性質があります。シャンプーもお風呂も大嫌いな猫は多いので、子猫のころから慣らしておきたいもの。シャンプーのあと、乾かすことが大切ですが、ドライヤーも、音や風がいやがられるので、いずれもおやつを利用して慣れさせていきましょう。

年に数回のことなので、トリミングサロンでお願いしてもいいでしょう。プロの手にかかるといやがらない猫もいるという話も聞きます。

お風呂が好きなんて
信じられニャい

なかには、お風呂が好きで、湯船におとなしくつかっている猫もいます。猫がいやがっていないなら問題ありませんが、**おぼれないよう、湯につかっている間は目を離さないこと。**

お風呂場に入り込む猫もいるので、飼い主さんの留守中におぼれないよう、浴槽の水は抜いておきましょう。

グルーミング

汚れは部分洗いするか蒸しタオルで拭いてもOK

体の一部が汚れている場合は、全身を濡らさず、その部分だけ洗ってあげましょう。その場合も、**濡らした部分はきちんと乾かしましょう。**濡れたままだと、皮膚にトラブルを起こす原因になります。

濡れるのをいやがるなら、蒸しタオルを使って体を拭いてあげてもいいでしょう。ペット用のドライシャンプーやシャンプーシートなども市販されています。

汚れやすい場所は、耳の前やおでこ、口まわり、あごの下、おしりまわりなど。そのあたりを重点的に拭いてあげます。いやがる猫はおやつで気をそらしたり、やさしく声をかけながら行いましょう。

column

肛門腺絞りを定期的に

猫のおしりには、「肛門腺（こうもんせん）」と呼ばれる分泌器官があります。ここから出る分泌液は通常はうんちとともに排出されますが、液が肛門嚢（こうもんのう）にたまると、かゆみや炎症の原因に。

肛門がくさい場合、液がたまっている可能性があり、シャンプーのついでに絞り出してあげましょう。絞り方は、肛門を時計に見立て、4時と8時の位置をぎゅっとつまみます。茶色いくさい液が出てきます。健診のとき動物病院でお願いしてもいいでしょう。

グルーミング

1〜2日に1回は歯みがきの習慣を

歯肉炎など口腔内のトラブル予防のため、猫も歯みがきが必要です。**理想は毎日ですが、少なくても2日に1回は行いたいもの。**

いきなり歯ブラシを使うのではなく、最初は口まわりを指でさわられることに慣らす。いやがらなくなったら、次に歯をさわる。そのあとに歯ブラシを使う、と段階を踏んだ練習を。

歯みがきシートや歯みがきスナックもありますが、**歯周ポケットに入った歯垢は、歯ブラシでしかかき出せません。**

歯みがきシートは指に巻いて、口の中に指を入れる練習のときに使ってもいいでしょう。

食べカスなど**歯垢が特にたまりやすいのは、犬歯の1つ奥にある「前臼歯」**です。くちびるをめくって手早くみがいていきましょう。

歯垢をそのままにしておくとやがて歯石になり、歯にこびりついてとれなくなります。歯石は細菌のかたまりなので、歯に付着していると歯肉炎を引き起こします。

予防のためにはしっかり歯みがきをして、健診の際に歯もチェックしてもらいましょう。動物病院で歯石取りもしてもらえますが、全身麻酔の必要があるため、猫の体に負担になります。したほうがいいかなど、獣医師とよく相談しましょう。

グルーミング

耳そうじには綿棒を使わない

耳のお手入れは、見えている汚れを拭き取るだけでかまいません。健康な状態であれば耳には自浄作用があるので、耳道の中にたまった耳垢は、耳の外へ押し出されます。

耳そうじは2週間に1回ほどが目安。垂れ耳の猫は耳をめくらないと状態がわからないので、もう少し多めにチェックしてもいいですね。

汚れを取るのは、コットンで十分です。**耳介(外耳)の部分に黒っぽい汚れが付着していたら、コットンをぬるま湯で濡らし、やさしく拭いてあげましょう。**綿棒は耳に入れているときに猫が暴れて奥を傷つけてしまいかねないので、使わないようにしましょう。

耳の汚れがいつもよりひどい、耳の中がにおう、耳をかゆがっているといった様子が見られたら、何らかのトラブルが考えられます。早めに動物病院で診てもらいましょう。

グルーミング

目やにや涙はこまめに拭き取る

目やにはぬるま湯で
濡らしたコットンで
やさしく拭き取って。

目やにや涙で目のまわりが汚れていたら、こまめに拭いてあげましょう。健康時でも目やにが出る子もいます。そのままにしておくと乾燥し、こびりついてしまって取れにくくなることも。また、流涙症などで涙がたくさん出ていると、**「涙やけ」という、目のまわりの毛が変色した状態になる**場合もあります。

いつもと比べて目やにや涙の量が多い、目やにが黄色いなどの場合は、動物病院で原因を調べてもらいましょう。何かの病気がもとで目に炎症が起きていたり、アレルギーや花粉症が原因で目やにが増えているといったことも考えられます。

グルーミング

室内飼いでも ノミ・ダニ対策は万全に

室内で衛生的に飼っていたとしても、ノミ・ダニはどこで体につくかわかりません。ノミ・ダニが原因で皮膚にトラブルを起こすだけでなく、人間もノミに血を吸われると激しいかゆみが出ます。また、マダニは人に感染するさまざまな病気も媒介します。そのひとつ、「重症熱性血小板減少症候群（SFTS）」は、重症化すると命にも関わります。

ノミ・ダニが活発なのは、主に5月ごろから夏場にかけての時期。**活発になる前に駆除薬を投与することが、いちばんの予防になります。**駆除薬は市販のものもありますが、動物病院で処方されるもののほうが効果が高く、安心です。薬液を首筋に数滴垂らすだけで痛みもなく、長期間の効果が期待できます。

ノミ取り首輪は体質に合わない猫が多く、首まわりの毛が抜けたりしっしんが出たりするケースがあります。

変化に気づくためには健康時の状態を知っておく

猫は体に不調があっても、「気分が悪い」「体が痛い」と訴えることができません。むしろ、猫は不調を隠そうとします。これは、野生時代には、弱みを見せると他の動物に襲われかねなかったから、という習性からきています。

ですので、不調が目立つようになっていると、すでにかなり症状が進んでいるおそれもあります。身近にいる飼い主さんが、ちょっとした変化も見逃さないことが大事です。「いつもと違う」変化に気づくためには、健康時の状態を把握しておくのが早道です。目、鼻、耳、口、皮膚や被毛、おしりまわりの様子、歩き方など、ふだんからよく見ておきましょう。

また、コミュニケーションを兼ねて、子猫時代から体をなでることを日課にするといいですね。しこりがないか、熱っぽくないかなどのチェックができ、さわられるのをいやがった場合はどこか痛いのかな、など異変に気づくことができます。どんな病気も早期発見が大切です。

ふだんからよく
見ててニャ

健康管理

体重は毎日はかって健康のバロメーターに

猫は体が小さい分、少しの体重の増減でも大きな変化になります。たとえば、5kgの猫と50kgの人間を比べると、同じ重さの増減も10倍の変化になります。猫の体重の100gの変化は、人間の1kgに相当するのです。

体重の増減が症状のひとつである病気はいろいろあるので、健康時の体重を把握しておき、増減に敏感になりましょう。たとえば、高齢猫に多い甲状腺機能亢進症（p.77）は、食べているのに体重が減っていきます。体重減に気づくことが、この病気発見の一助になります。

猫だけで体重をはかるのはなかなかむずかしいので、猫を抱っこして体重計にのることを日課にしてもいいですね。そのあとで飼い主さんだけの体重をはかり、猫＋飼い主さんのときの数値から引くと、猫の体重がわかります。

体重を記録しておき、獣医師に見せると、病気の経過も把握しやすくなります。

1g単位で測定できるデジタル体重計が便利です。

信頼できる動物病院を健康時に見つけておく

動物病院へ行くのは、病気のときだけではありません。ワクチン接種や健診、ノミ・ダニ予防など、なにかとお世話になるもの。猫が急病のときにあわてて探すのではなく、信頼できる病院をあらかじめ見つけておくと安心です。健康なときに健診などで受診し、獣医師やスタッフの様子、院内の雰囲気を見ておきましょう。

「キャット・フレンドリー・クリニック」としての国際基準を満たした動物病院もあります。猫の専任従事者がいて、専門性や質の高い猫医療が期待できるので、猫飼いさんには頼りになります。また、待合室や診察室が猫と犬で分かれていたり、院内も猫にやさしい仕様になっています。

行きやすいところにあれば、かかりつけ医の選択肢のひとつにしてみるのもおすすめです。

健康管理

半年〜1年に1回健康診断を

ふだんから猫の様子をよく見ておくことは大切ですが、外見からだけでは気づかないこともあります。定期的に健診を受けることも、病気の早期発見につながります。7歳までは、少なくとも年1回を目安に。病気が増えてくる8歳以降のシニア期には、半年に1回は受けるのが理想です。

動物病院によって健診の内容には違いがあります。問診、触診、視診、聴診（聴診器による検査）、体重測定、血液検査、尿検査、便検査などが基本項目で、希望すれば各種オプションを加えられることが多いでしょう。

健診の結果、何か異常が疑われる場合、レントゲン検査や超音波検査でさらにくわしく調べます。費用は病院ごとに違いがあるので、事前に確認しておきましょう。

室内飼いでも必ずワクチン接種を受ける

感染症から猫を守るため、ワクチン接種が重要です。室内飼いだから不要と思う飼い主さんもいますが、**人間が外からウイルスを持ち込む可能性があります。**また、預けた際などに他の猫から感染してしまうおそれも。ペットホテルの多くは、ワクチン接種を預かる際の条件にしています。

猫がかかりやすい感染症の中には、重症化すると命に関わるものも。ワクチンでそれらの感染を防ぎましょう。

ワクチンの種類

予防接種には、①どの猫も受けるべきコアワクチン、②必要に応じて受けるノンコアワクチンがあります（そのほか世界小動物獣医師会が推奨しない「非推奨ワクチン」も）。

コアワクチンは必ず受けましょう。ノンコアワクチンについては、かかりつけ医と相談を。

病名	3種混合	4種混合	5種混合	単独接種可能なもの
猫ウイルス性鼻気管炎	●	●	●	
猫カリシウイルス感染症	●	●	●	
猫汎白血球減少症	●	●	●	
猫白血病ウイルス感染症		▲	▲	▲
クラミジア感染症			▲	
猫免疫不全ウイルス感染症				▲

●→コアワクチン、▲→ノンコアワクチン

接種スケジュール＆注意点

1歳までに3〜4回接種を

生まれたばかりの子猫は母猫の母乳からもらった抗体に守られています。抗体は生後3カ月ごろにはなくなるので、その前にワクチンを接種する必要があります。ワクチンの接種スケジュールは、WSAVA（世界小動物獣医師会）が推奨するガイドラインに沿うと、安全で効果的と考えられています。

WSAVA ガイドライン（コアワクチン）

接種スケジュール	接種時期の例
生後6〜8週に1回目	6週目
16週を過ぎるまで 2〜4週ごとに（2〜3回）	9週目、12週目、16週目
生後6カ月〜1歳で追加接種1回（ブースター効果で免疫を高める）	26週（6カ月）目
以降は3年に1回 ＊感染リスクの高い猫は1年に1回	3歳6カ月（以降3年ごと）

接種は午前中が安心

ワクチン接種は午前中に行うのがおすすめです。万一、副反応が出た場合、まだ病院が開いていればすぐ受診できるからです。激しいショック症状を見せる「アナフィラキシーショック」は接種後30分以内に起こることが多いので、その間は院内か病院のそばに残っていると安心です。

避妊・去勢手術は生後4～6カ月を目安に

繁殖の予定がない場合は、避妊・去勢手術を検討しましょう。手術の時期は発情や性成熟を迎える前の生後4～6カ月ごろが目安とされます。

手術をしない場合、オスは8～10カ月ごろから、なわばりを主張するマーキング行動（p.122）を行うようになります。メスは6カ月過ぎごろの春や秋に発情期を迎え、人間の赤ちゃんのような大声で鳴くなど、興奮した様子になります。

あまり早い時期に去勢するとオスは下部尿路疾患にかかりやすくなるともいわれます。また、メスは最初の発情の前に避妊手術を行うことで乳腺腫瘍を予防できる確率が高まると考えられています。

以上のことやデメリット（下記）も踏まえ、手術するかどうか、するなら時期をいつにするか、獣医師とも相談のうえ、考えましょう。

オスの去勢手術

睾丸を摘出する。
日帰り手術か1泊入院が多い。

メリット

- なわばり意識が弱まり、攻撃性が軽減。
- 性的欲求によるストレスから解放され、おだやかな性格に。
- マーキングを予防できる。

メスの避妊手術

卵巣と子宮を摘出する。
1～2日の入院が多い。

メリット

- ホルモンに関連する乳腺腫瘍や子宮の病気予防になる。
- 発情のストレスから解放される。
- 望まれない妊娠を避けられる。

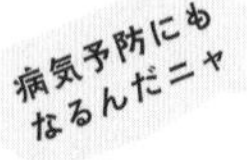

デメリット（デメリットはオスメス共通）

- 手術による体の負担、麻酔のリスクがある。
- 脂肪の代謝が低下し、太りやすくなる。

腸内環境を整えるフードも。

健康管理

病気予防のために免疫力アップを心がける

人間は免疫力が低下するとさまざまな病気にかかりやすくなりますが、猫も同じです。

猫の免疫力をアップさせるには、まず、栄養バランスのとれた質のよい食事を与えること。免疫に関わる多くの細胞は腸内に存在しています。栄養バランスがいいと腸内環境が整い、それが免疫力アップにつながるのです。逆に、栄養の偏りなどで腸内の悪玉菌が増えると、下痢や便秘、アレルギーなどを引き起こすことも。腸内環境を整えるオリゴ糖が含まれたフードやサプリメントもあります。

また、免疫力アップには、ストレスフリーな暮らしも大切。よく寝て、よく食べ、よく遊ぶ、猫にいい生活を整えてあげましょう。

認知症予防には
サプリメントを活用

猫が持病の薬を飲んでいる場合、サプリメントがその効果を変化させることもあるので、使用前に必ず獣医師に確認しましょう。

サプリメントは猫用も多種ありますが、「なんとなくよさそうだから」と与えるのはやめましょう。目的がはっきりしている使い方をすることが大切です。

　サプリメントが使われる目的として代表的なのが、認知症予防です。7歳ごろから与え始めると予防効果が期待されるサプリメントがあり、広く使用されています。人と同じで猫の認知症も、いったん発症すると、完全に治癒することはありません。発症前からの対策が有効です。

　認知症以外には、アレルギーやアトピー、てんかんなどの症状改善を目的としたサプリメントがよく使われます。また、攻撃行動やうつ症状、強い不安や恐怖が原因で起こる常同行動（p.124）など行動上の問題がある場合に活用されるものもあります。

　目的に合わせて上手に使うことで、サプリメントも猫の健康維持に生かしましょう。

猫の認知症について

15歳以上の猫の半数に兆候が見られる

認知症（認知機能不全症候群）は、病気や頭部の外傷などが直接の原因ではなく、加齢にともなって起こるものです。脳の機能が低下し、運動面では機能障害が起きたり、精神面では情動が安定しなくなったりと、さまざまな変化が見られます。猫では11〜15歳で28%、15歳以上で50%ほどに、認知症の兆候が出ているといわれます。

薬物・食事療法などで進行を遅らせる

発症すると治癒することはありませんが、早期に発見し対処していけば、進行をゆるやかにすることは可能です。対処方針は獣医師とよく相談して決めましょう。進行を抑える手段としては、薬物療法、サプリメントやフードを使う食事療法などが行われます。また、ストレスや不安は悪化につながるので、猫が安心するよう環境を整えたり、粗相をしてもしからないなどの指導をされることも。

認知症の代表的なサイン

以下の兆候があっても、病気や痛みなど別の原因かもしれないので、よく観察し、獣医師に確認を。

- □ 体をこわばらせてじっとしている。
- □ 寝ている時間が増えた。
- □ 理由もなく大声で鳴く。
- □ 突然攻撃的になる。
- □ 同じ場所をウロウロ徘徊する。
- □ トイレ以外で排泄することが増えた。
- □ 毛づくろいしなくなった。
- □ 飼い主さんに甘えることが減った。

猫に多い5つの病気を知っておこう

猫がかかりやすい病気の中でも、特に気をつけたいのはこの5つの病気です。水分不足と肥満も大きな原因になるので、子猫のときからそれらに気をつけて、予防に努めましょう。

慢性腎臓病

＜症状＞
高齢猫に多い病気のひとつ。加齢や他の病気の影響などによって腎機能が低下します。初期には症状はほとんどなく、進行すると、尿量が増える、水を多量に飲む、食欲不振、嘔吐、体重減少、貧血などが見られます。重症化すると尿毒症を引き起こし、命に関わる場合も。

＜治療＞
腎臓の機能を回復させることはできないので、投薬や食事療法で病気の進行を遅らせます。飲水量や尿量のチェックにより、早期発見が大切です。若いころから水を十分に摂ることが予防につながります。

尿石症（尿路結石）

＜症状＞
尿に含まれるミネラル分が結晶化し、尿石ができる病気。水を飲む量が少ないとおしっこが濃くなり、尿石ができやすくなります。頻繁にトイレに行くがおしっこが出ない、おしっこのとき痛がっている、血尿が出るなど。尿道が細いオス猫は、尿石を詰まらせることがあり、それによって尿毒症を起こすと命に関わることもあります。

＜治療＞
尿石の種類や大きさによっては、食事療法で改善することもあります。尿石が詰まったときは、尿道にカテーテルを入れて詰まりを解消します。手術が必要になる場合も。

糖尿病

<症状>
膵臓から分泌されるインスリンというホルモンの分泌の異常によって、糖分の代謝に障害が起こる病気。栄養状態の悪化、免疫力低下、神経症状などを伴います。体質もありますが、肥満やストレスも原因に。初期の代表的な症状は、水をたくさん飲むこと。この症状が見られたら、早めに受診を。ほかに、尿量が増える、毛づやが悪くなる、食べているのにやせてくるといった様子も見られます。重度になると元気がなくなり、脱水症状や嘔吐を起こしたり、黄疸が出る場合も。

<治療>
血糖値のコントロールが必要になります。食事療法と投薬ですむ場合もありますが、毎日のインスリン投与が必須になる場合もあります。

肝リピドーシス（脂肪肝）

<症状>
脂質代謝異常により、肝臓に脂肪が蓄積して肝機能障害を起こす病気。中高齢の肥満猫が数日食事を摂らないと、二次的に起こる場合も。肥満にさせないことが最も大切。食欲低下、嘔吐、下痢などが見られ、重症になると黄疸やけいれん、意識障害を起こし、命に関わります。

<治療>
点滴治療のほか、重症の場合は胃にチューブを入れて、高タンパクの流動食を与えることも。

甲状腺機能亢進症

<症状>
甲状腺ホルモンの分泌が過剰になり、体内組織の代謝が亢進する病気で、高齢の猫に多く見られます。落ち着きがなくなる、水を大量に飲む、おしっこの量が増える、食欲旺盛なのに体重が減るなどが、代表的な症状です。

<治療>
大きく２種あり、①甲状腺の働きを抑える抗甲状腺薬を投与する内科療法と、②大きくなった甲状腺を切除する外科療法が主な方法です。

新型コロナ

正しい情報かどうか冷静に判断する

獣医師会や厚生労働省などのホームページにも、ペットと新型コロナについての情報があります。

新型コロナウイルスについて、人から猫に感染した事例はわずかですがあります。猫同士でも感染することがわかっています。ただ、現時点（2021年5月）では猫から人への感染事例はありません。

猫が感染した場合、肺の炎症や消化器症状が見られる場合もありますが、無症状のケースも報告されています。

新型コロナについては不明なことも多く、いろいろな情報が錯綜しています。誤った情報に動揺し、猫を手放すようなことは絶対に避けなくてはいけません。

科学的な根拠のある正しい情報を知り、ウワサに惑わされないことが大切です。不安があるなら、まずは獣医師に相談をしてください。

新型コロナ

飼い主さんがウイルスを持ち込まない

室内飼いの猫は出歩くことはないので、飼い主さんがコロナウイルスを持ち込まないことが、猫の感染予防にいちばん大切です。まずは飼い主さん自身が予防策を講じ、感染から身を守りましょう。

飼い主さんが感染した場合に猫を預けられる先をあらかじめ見つけておくと、いざというとき安心です。感染者のペットを預かってくれる施設もありますから、調べておくといいでしょう。

もし、感染者のいる家で猫の世話をする場合、感染者がいる部屋には入れない、感染者がふれたものは消毒するなど、人間の場合と同じ対応になります。うっかり感染者に接触しないよう、できればケージに入れて、感染者以外の人にお世話してもらうほうが安心です。

猫の食器やケージなどを消毒するのは問題ありませんが、猫の体に除菌スプレーを吹きかけたり、体を直接除菌シートで拭くのはやめましょう。猫には有害な成分が混ざっている可能性があります。

東洋医学

鍼灸や漢方も治療の選択肢のひとつに

猫の場合にも、東洋医学を用いることは幅広く行われています。猫に多い慢性腎臓病（p.76）や甲状腺機能亢進症（p.77）をはじめ、膀胱炎や重度の便秘、慢性鼻炎など、さまざまな病気の治療として鍼灸や漢方などは有効です。

猫が高齢になり、抗生薬や鎮痛薬、ステロイドなど西洋医学的アプローチが厳しくなってきて、治療に東洋医学をとり入れる飼い主さんもいます。

東洋医学はそれぞれの猫の体質や特徴を踏まえて、本来持つ自然治癒力を高めることで、病気の改善を図っていきます。鍼灸も漢方も決して無理強いせず、猫がストレスなく継続できることが重要です。

症状に応じ、漢方薬の処方も行われます。漢方薬は苦いイメージがありますが、ペースト状のおやつやウェットフードなどに混ざっていると、だいたい抵抗なく食べてくれます。粉末状だけでなく錠剤もあり、猫の様子に合わせて使い分けます。

漢方薬は基本的に副作用は少ないのですが、体質に合わないと症状を悪化させる場合もあります。猫に東洋医学の治療を受けさせたい場合は、知識や経験が豊富な獣医師に診てもらいましょう。

〈p.80 ～ 82 監修〉
西依三樹（獣医師）
ミ・サ・キ・動物病院院長、
日本獣医中医薬学院講師
https://www.3e-misaki.com/

東洋医学

体を温めることで さまざまな効果あり

自宅で使えるお灸セットも。ただ、いくらお灸が好きだとしても、やりすぎないこと。

「冷えは万病のもと」といわれるように、体が冷えると血流が悪くなったり、免疫が低下してしまい、病気にかかりやすくなります。

お灸で体を温めると、体の痛みをとるなどの効果が期待されます。病気に対する直接のアプローチだけでなく、**体が温まってリラックスすることは、ストレス解消にも効果的です。**猫は寒がりなので、基本的に温かいことを好みます。診察時にはいやがっていたのに、お灸の施術のときは気持ちよさそうにしている猫を見て、飼い主さんが驚くこともあります。

西洋医学の鎮痛薬は体を冷やすものが多く、繰り返し飲ませるとかえって痛みが強くなる場合もあります。**漢方薬には体を温めて痛みをとる効果があるものがあり、**お灸にあわせてそれらが処方される場合もあります。

猫に効く主なツボ

**猫にもツボがあり、刺激を与えることで気の流れがよくなり、
健康維持にもつながります。下の図は位置の目安です。
ツボ押しをするなら、東洋医学にくわしい獣医師に確認すると安心です。**

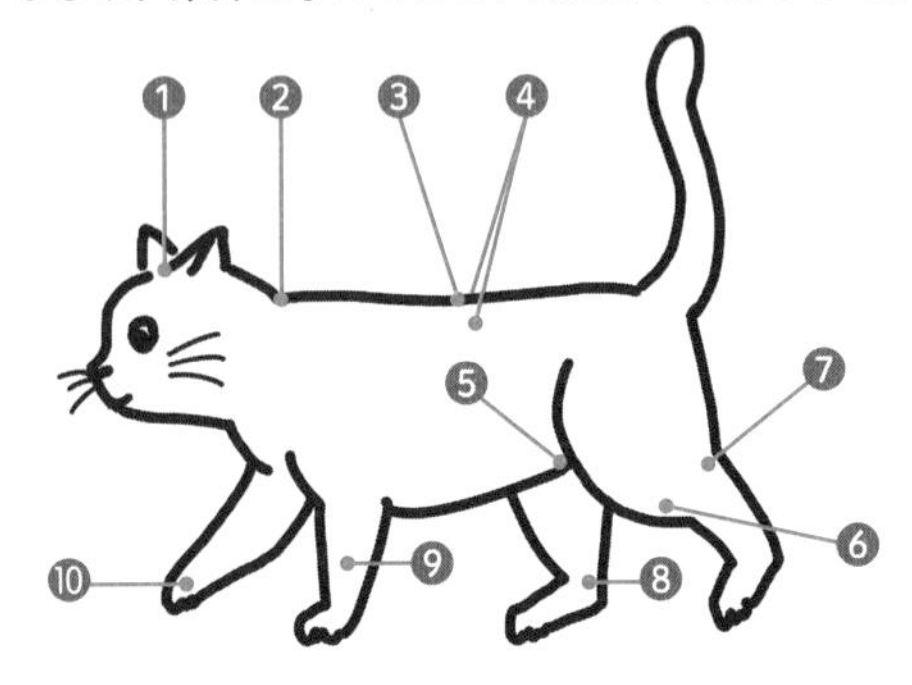

❶ 頭百会（あたまひゃくえ）
耳と耳の間の頭頂部。興奮やイライラをしずめ、リラックスさせる。てんかんなどにも効果的。

❷ 大椎（だいつい）
後頭部の首のつけ根あたり。別名「百労（ひゃくろう）」。全身の気の流れを整え、多くの病気に効く。

❸ 命門（めいもん）
おへその真裏となる背骨の部分。腎兪、太渓とセットで刺激を与えることで、猫に多い腎臓病に効果的。

❹ 腎兪（じんゆ）
命門をはさんだ両側に位置する。猫は寒がりな動物。命門、関元とともにお灸すると体を温める。

❺ 関元（かんげん）
おへそと恥骨を結んだ線上で、おへそから3分の2下がった位置。腎臓のほか、おなかの弱い猫にも効果的。

❻ 足三里（あしさんり）
後ろ足のひざの外側から少し下のくぼみ。吐き気や下痢、便秘など消化器系以外に、食欲や元気低下にも効く。

❼ 陽陵泉（ようりょうせん）
足三里のやや尾側後方。筋肉、関節痛によく効く。甲状腺機能亢進症、肝臓、胆のうの病気にも効果的。

❽ 太渓（たいけい）
後ろ足の内くるぶしとアキレス腱の間。腎臓の気が集まるツボ。歯、骨、泌尿器系、排便などに効果的。

❾ 曲池（きょくち）
前足のひじの曲がる部分の外側。かゆみ止めの効果があり、精神安定にも役立つ。

❿ 合谷（ごうこく）
前足の親指と人さし指のつけ根の間あたり。目、口、歯、鼻の痛みや病気に効果的。

2
章

猫の心にいいこと

猫のストレスや性格、脳や記憶についてなど、
どれも猫の気持ちを知るために必読の項目です。
のびのびした心のかしこい猫に育てるヒントがいっぱい。

心の基本

猫の心身の健康を守る「5つの自由」を知る

動物福祉の精神に欠けていた時代には、馬や牛などが酷使されたり、小動物が邪険にされることは珍しくありませんでした。ましてや、猫の心身が気づかわれることなど、ほぼありませんでした。

近年では、動物を「感受性を持つ生き物」としてとらえ、できるだけストレスの少ない生活を送れるよう飼育する在り方が主流になってきました。これを「アニマルウェルフェア」といい、「動物が精神的・肉体的に十分、健康で幸福であり、環境とも調和していること」を目指す考え方です。

具体的には、左ページで紹介する「5つの自由」が満足に与えられていることが基本的な条件になります。

これら5つの自由はすべてが整ってこそ、心身にいい健康的な生活といえます。食べ物が足りない、狭い場所に閉じ込められる、病気に気づいてもらえないなど、ひとつでも欠けてしまうと、猫に欲求不満や葛藤が生じる可能性が高くなります。それが慢性的になると、常に苦しみや心理的ストレスにさらされている状態になり、心身が病的な状態になることもあります。

猫に必要な「5つの自由」

❶
飢えと渇きからの自由
健康維持のための食事と水が適切に
与えられていること。

❷
不快からの自由
温度や湿度、明るさなど、猫に
合った適切な飼育環境にあること。

❸
痛み、ケガ、病気からの自由
病気やケガから守られていること。
適切な獣医療を施してもらえること。

❹
正常な行動を表出する自由
猫本来の本能や習性にもとづいた、
自然な行動が行えること。

❺
恐怖と苦悩からの自由
何かにおびえさせられたり
苦しめられておらず、
それらから守られていること。

心の基本

猫の欲求を知り、すこやかな心をはぐくむ

すべての生き物には、習性・本能にもとづいた行動の動機づけ（欲求、モチベーション）があります。それが満たされると心身とも安定するのは、猫も人も同じです。

それら欲求には優先順位があり、以下の順になります。

①個体生存に対する欲求

飲食、睡眠、呼吸、排泄、体温維持のための欲求。

②生殖に関する欲求

性欲、母性欲など、子孫を残すことに関わる欲求。

③内発的な欲求

好奇心や操作欲など、興味や意欲にもとづいた欲求。

④情動的な欲求

「気持ちいいからしたい」「こわいから逃げたい」といった、感情的な欲求。

⑤社会的な欲求

愛着や譲歩、攻撃など、他者との関わりについての欲求。

これらをもとに考えると、「猫のすこやかな暮らし」とはこんな感じです（②の生殖は飼い猫はあまり経験しないのでここではふれません）。

①快適な部屋でよく眠り、よく食べ、スムーズな排泄といったルーティンが守られている。③楽しく遊んだり、興味のまま屋内を探索したりできる。④おいしいおやつをもらう、気持ちよくなでてもらう。⑤飼い主さんとのコミュニケーションに満たされている、よくほめられる。

毎日こういった暮らしができているのなら、猫の心はすこやかで、のびのびしているといえるでしょう。

心の基本

猫の気持ちを「理解する」より「寄り添う」

猫好きの人の中には、「ただ猫がいてくれればいい」と考えている人も少なくありません。「ベタベタしない関係がいい」という人もいます。

けれど、猫に多くを求めないのと、**関わりを持たないのは別ものです。**「マイペース」「気まぐれ」「自立している」「手がかからない」などと放置するのはよくありません。

猫は飼い主さんのことをよく見ていて、コミュニケーションが足りないとフラストレーションをため、八つ当たり的な行動に出ることも。飼い主さんとのやりとりは脳をリフレッシュしてくれる刺激にもなり、猫の心身の健康にもつながります。

猫の気持ちはなかなか理解できないかもしれません。義務的に理解しようとしても、猫にはそのぎこちなさが伝わってしまいます。「理解できない」と悩むより、たとえば、「なんで鳴くのかわからないけど、そばに来たらなでてあげよう」など、**まずは「寄り添う」姿勢を大切にしてください。**

そして、理解のためには、猫の基本的なボディランゲージを知っておくことが助けになります（p.88〜92）。

猫も飼い主さんのことを理解したいと思っています。

猫のボディランゲージを理解しておく

なでられて「うれしい」、見慣れないものが「こわい」といった感情は、猫の表情やしぐさに表れます。感情によって、耳やヒゲや瞳孔、姿勢、しっぽの形状などが変化します。これらの身体表現が「ボディランゲージ」です。

ボディランゲージを読みとることは、猫とのコミュニケーションにおいてとても重要です。ボディランゲージを読みとりそこねていやがることを続けたりすると、猫に信頼されなくなったり、嫌われてしまう場合もあります。

重要なのは、耳やしっぽだけといった一部を見るのではなくて全体を見ること。また、そのボディランゲージがどのようなときに出たのか、前後の状況も考えることです。あとは、鳴き声にも気持ちが表れます。

それらをあわせ、猫の気持ちを判断するようにしましょう。ここでは一般的なボディランゲージを紹介します。

気持ちは体から
読みとってニャ

顔まわりのボディランゲージ

目（瞳孔）、耳、ヒゲにわかりやすいサインが出ます。
瞳孔のサイズは、明るさだけでなく、気持ちでも変化します。

平常心

耳は自然な感じで前向きで、ヒゲも自然に垂れています。瞳孔は中くらいの大きさ。どこにも力が入らず、リラックスした顔つきです。

興味津々

瞳孔が大きくなり、目がランランとします。興味の方向に対して、耳もヒゲもピンと前を向き、情報収集をしようとします。

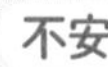

不安

多少強気な気持ちが残っているものの、逃げようか逃げまいか葛藤中。不安が強くなるほど耳は水平に下げられ、瞳孔はまん丸になります。

恐怖

瞳孔が大きく開き、耳はやや後方に向かって折り曲げられ、ヒゲは力が入って上を向いています。シャーシャーという声で威嚇することも。

威嚇

強気のときは瞳孔が細く小さくなり、にらみつけるような表情になります。耳はやや後ろに引きぎみで、ヒゲは前を向いています。

体勢・姿勢のボディランゲージ

恐怖や緊張が高いほど、体にギュッと力が入った姿勢になります（p.103も参照）。

平常心

体全体に力が入っていない自然な状態。背中はまっすぐで、しっぽは垂れて耳は前を向いています。

恐怖を隠して威嚇

耳を伏せ、背中を丸めながら、全身の毛を逆立てます。しっぽもピンと立ち、毛が膨らむ状態。強気を装っているポーズです。

攻撃

強気で威嚇するときは、体を大きく見せるために腰を高くします。いつでも飛びかかれるよう、前足に力を入れています。

恐怖

恐怖心が強いときは、体を低くして背中を丸め、うずくまる姿勢に。耳はペタンコで、しっぽは下げたままユラユラさせます。

リラックス

体を丸め、急に逃げられない体勢でもいいぐらい安心している状態。前足を折り込んだ香箱座り（p.21）も安心時のポーズです。

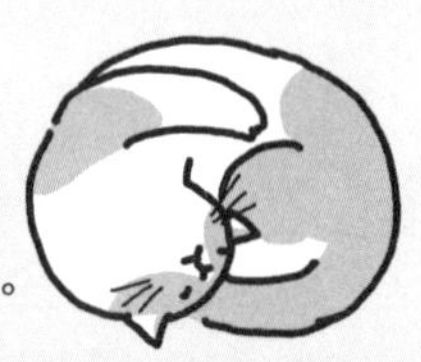

しっぽのボディランゲージ

揺らしていても機嫌がいいとは限らないのが猫のしっぽです。

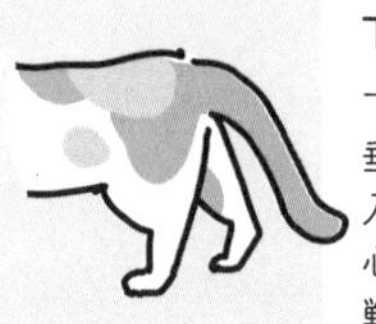

下ろしている
→観察・臨戦
垂れているものの力が入っているなら、警戒心を持って観察中か臨戦状態。

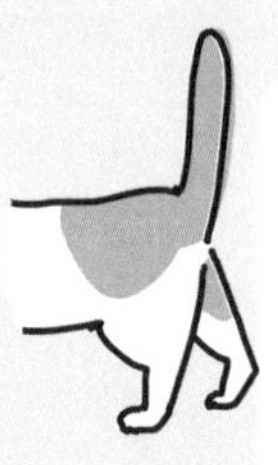

ピンと垂直
→甘え
しっぽはしなやかに立ち上がっています。子猫が母猫におしりをなめてもらうときの状態です。

毛が逆立つ、膨らむ
→威嚇・怒り
恐怖心でいっぱいなのに、相手を威嚇しようと毛を逆立たせています。

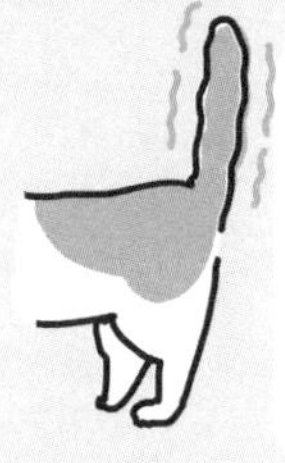

立てたしっぽを震わせる
→喜び
立てたしっぽを左右に震わせる、小刻みに揺らすなら「うれしい」という気持ち。

先端をゆっくり動かす
→様子見
ちょっと気になる、うっとうしいと思いながら、観察・様子見している状態。

しっぽの先をピクピク
→興味
しっぽの先だけを小刻みに揺らすなら、視線の先にあるものに興味津々です。

大きく水平に動かす
→いら立ち
水平にゆったりと大きく動かすなら、イライラが始まっている証拠です。

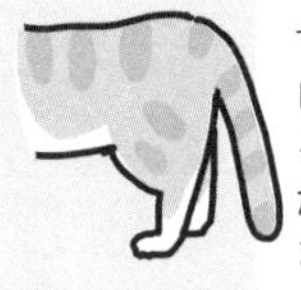

ゆったり下げる
→リラックス
自然な状態で垂れているなら、リラックスした状態。力は入っていません。

鳴き声で伝える気持ち

鳴き声もコミュニケーション・ツールのひとつ。
飼い主さんにいろいろ伝えたいのです。

あいさつ・返事
「ニャ」
飼い主さんや家族など見知った人や同居猫へのあいさつ、声をかけられたときの返事として、軽いひと声が出ます。

要求
「ニャ～」
「ごはん食べたい」「遊んでほしい」など、おねだりするときの鳴き声。「ニャ～～～」と長い場合は不満があることも。

ご機嫌
「ウニャウニャ」
ごはんがおいしくて思わず出てしまった、ご機嫌な声。子猫が母乳を飲みながら出していた声のなごりともいわれます。

安心
「フーフッ」
緊張が解けたときの声で、鳴き声というよりも鼻息に近いです。人間でいう、ため息のようなものです。

痛い！
「ギャッ！」
しっぽを踏まれたときなど、驚いたり、急に強い痛みを感じたときに出ます。この声が聞こえたら、ケガがないかボディチェックを。

威嚇・恐怖
「シャー！」
自分のテリトリーを守ろうとして警告を発しているときの声。争いを避けるために、侵入者を追っ払おうとしています。

興奮・関心
「カカカカカッ」
庭に来た鳥などを見て狩猟本能が刺激されたり、遊んでいたりするときに出る声。「ケケケケッ」と聞こえることも。

異性を呼ぶ
「ア～オア～オ」
発情時、異性を呼ぶときの鳴き声で、かなり遠くまで聞こえる大きな声です。メスもオスもどちらも鳴きます。

心の基本

猫も心が成長し、人間の2歳半程度の感情を得る

いつまでも甘えん坊だったり、食いしん坊だったりと、飼い猫は幼い様子が残りがちです。

人間同様、猫も年齢とともに心が成長します。だいたい2〜4歳ごろまでは子猫のような心持ちでいて、4歳を過ぎるとコミュニティの中での自分の立ち位置を把握して、無茶なことをしなくなるとされています。飼い猫でいえば夜中に走り回るような行動がおさまり、落ち着いた様子を見せるようになってきます。

とはいえ、猫の気持ちは人間ほど複雑ではありません。怒り、喜び、恐怖、驚き、悲しみといったシンプルな感情がメインとなっていて、だいたい**人間が2歳半くらいまでに持つ感情を得ていく**といわれます。

また、**飼い猫は大人になっても子どもっぽいところが残りがち**です。野生動物を家畜化する際には、攻撃性をなくすために幼さを残す方法がとられてきました。猫も同様のことが行われたため、野生の猫に比べると、飼い猫は無邪気で幼い感じなのです。

さらに、早い段階で避妊・去勢手術を行うと**性的成熟がないため、本能に近い欲求が強く残ります**。その欲求に沿った行動が多くなり、子どもっぽく思えるのです。

性格の傾向を把握して それに合った接し方を

こわがり、人なつこい、怒りっぽいなど、猫にもいろいろな性格があります。**どういう性格になるかは、遺伝と環境的要因が半々だといわれて**います。

遺伝的な要因として、**「人なつこさ」という性質は父猫の遺伝子から引き継がれる**というものがあります。人なつこい父猫の血を引く子猫は、人になれやすい傾向があります。ただ、人なつこく生まれても、人にかまわれない生活を続けると、1歳ごろには人間を嫌うようになったという実験があります。

また、**母猫が妊娠中に受けたストレスの量も影響する**といわれます。母猫が強いストレスにさらされるほど、生まれた子猫もストレスに対して敏感になります。つまり警戒心やおびえが強いということです。野良猫にこわがりの傾向が強いのは、野外生活の中、母猫が妊娠中にストレスにさらされる機会が多いからと考えられます。

どう育てられるかという環境的なものも影響します（p.106も参照）。ストレスのない環境でのびのび育つとのんびりした猫になったり、逆にストレスが多い飼育環境では、攻撃性や警戒心の高い猫になる可能性があります。

猫の性格にいい影響を与えるような育て方、飼い方をしてあげたいですね。

氏より育ちって
いうよね

猫の５つの性格要素

猫の性格は、下の５つの要素それぞれが高いか低いかの傾向と、組み合わせで決まるといわれています。これは人間のパーソナリティ分類（Big Five）をもとに、猫向けにアレンジされた「ネコファイブ（Feline Five）」と呼ばれる分類です。

※下の説明はそれぞれの傾向が高い場合の説明。低い場合はその逆です。

神経症的傾向が強い猫とはゆっくり慎重に距離を縮めて。

1 神経症的傾向

心配性で臆病な傾向。相手を信頼するにも時間がかかり、新しい環境になじむのも苦手。１匹で過ごすのが好き。

2 外向性

好奇心旺盛で活動的。おもちゃなどで活発に遊ぶのを好む。まわりの環境に興味を持ちやすく、他の猫にも興味津々。

3　支配傾向

他の猫や飼い主に攻撃行動が出やすい、暴れん坊タイプ。野良猫に多いタイプで、自由に振る舞っている。

外向的で協調性が高いと飼いやすいことが多い。

4　衝動性

気分のムラが激しく、行動が予測できないタイプ。昨日食べたフードを今日は食べない、みたいなこともある。

5　協調性

甘えん坊で、他の動物や猫にもフレンドリー。飼い主さんとのふれあいが大好き。飼い猫に向いている。

性格

猫の興奮は遊びで発散させてあげる

をつくりましょう。

興奮やイライラが自傷・攻撃行動や破壊衝動に向かないよう、遊びで解消してあげる手も。ちょっと激しめに猫じゃらしを動かし、狩猟本能を発揮させてあげるなど、安全な方法で興奮のもとになる欲求不満を解消しましょう。

高齢猫については、興奮の原因が認知症などであるケースがあるので、遊びで解決しない場合は獣医師に相談を。

突然の興奮の裏には、動き回りたい、という欲求がある場合も。

興奮しやすいということは、性格でいうと衝動性が高いということ。先天的な部分は変えづらいのですが、環境や飼い方に興奮要素がある可能性もあります。日ごろから本能的な欲求が満たされた環境で過ごせているかなど、猫に必要な「5つの自由」(p.85)を見直してみましょう。

たとえば、運動できないことが続くとイライラついたり興奮しやすくなることがあるので、猫がダッシュできるスペースをつくったり、上下運動ができるようにキャットタワーを設置するなど、本能発揮の場

性格

こわがって隠れた猫は自分から出るまで待つ

何かにおびえた猫がまず起こす行動は「逃げ隠れする」ことです。これは野生においては、生存のためにとても大切な本能でした。

もし、お迎えした猫がこわがりで、**どこかに隠れてしまったら、名前を呼んで探し回ったり、隠れ場所から連れ出したりせずに、自分から出てくるのを待って。**

しかし、食事や水が摂れないと、体調をくずすことも。数時間出てこないなら、**猫の隠れ場所から人に見られずに行ける場所に、フードと水を置いておくこと。**また排泄をがまんして腎疾患になってしまわないよう、トイレも同様に配置しておきましょう。

音やにおい、目に入るものなどが猫をおびえさせていないかのチェックも大切。猫が急におびえ始めたら、いつもと違うことは何かないか、環境をじっくりと見直してみてください。

社会化

将来、経験するものに子猫の時期から慣らす

動物が、仲間同士や人間とうまく暮らしていくために、**子どもの時期からさまざまなことに慣れさせることを「社会化」といいます。**社会化がしっかりできている動物は新しい経験を受け入れやすく、落ち着いた性質に育ちます。

犬の社会化はよく知られていますが、猫は自由気ままに生きているから社会化は不要だと考えている人も少なくありません。でも、**猫にも社会化が必要で、生後2〜9週齢が「社会化の感受期」として、とても大切な時期**です。

その時期、母猫といっしょにいるなら、親きょうだいと過ごしながら、社会的なルールを学びます。母猫になめてもらったり、きょうだい猫とじゃれ合ったりする中で、他の猫はこわくないという認識を得られます。じゃれるときの力加減や、甘噛みの強さなどを体感することもできます。

飼い猫であれば、できるだけ早めに、**これから猫がおかれるかもしれない状況や、出会うかもしれない相手に慣らしていきましょう。**たとえば、飼い主さん以外の人、同居猫、動物病院、キャリーやお手入れ、車移動などたくさんのことがあります。

大人ですが

猫を迎えたときすでに適した月齢を超えていても、ゆっくりと時間をかければ、徐々に社会化は可能です（p.100 参照）。

社会化

小さな刺激から慣らしていく

社会化の経験はステップを踏んで、小さな刺激から始めましょう。いきなりこわい体験をすると、トラウマになりかねません。

たとえば、歯みがきに慣らすため、いきなり歯ブラシを口に入れるのではなく、最初は口をさわられることに慣れさせていくといった感じです。口だけでなく、社会化期に体をさわられることに慣れておくのはとても大切です。

初めての経験の最中にはおやつを与え、刺激に集中させないようにするのも手です。また、経験のあとにもおやつをあげて、いい記憶として残すのもポイント（p.118参照）。

猫がいやがりがちな、動物病院の受診も子猫のうちから定期的に経験しておきたいもの。できれば「キャット・フレンドリー」（p.68）の動物病院に行くといいですね。不安を感じている猫の扱いにも慣れていて、猫が「病院は楽しい場所」と思えるようになる助けになるでしょう。

社会化

年齢がいってからでも苦手改善は可能

お迎えしたときにすでに社会化期を過ぎていて、苦手なものが定着してしまっていることもあるでしょう。来客があると逃げてしまったり、掃除機をこわがるなど、年齢がいってからだと克服には手遅れなのでしょうか？

結論からいえば、**時間をかければ克服は可能です**。苦手なことをする際には、**いい気分になれることをセットで経験させてあげましょう**。p.99でもふれたように、苦手なことの経験中やそのあとにおやつをあげて、**「いやだ」「こわい」という気持ちを「おいしかった」「よかった」という気持ちで上書きする**ことが有効です。

たとえばキャリーケースを見ただけで逃げてしまうなら、ふだんから部屋に出しておき、存在に慣らしていきます。慣れてきたらキャリーのそばでおやつを食べさせ、さらにはキャリーの中に入ったらおやつを食べさせる、というように少しずつステップアップ。そのうち、「キャリー＝おいしいものがもらえる場所」というイメージになり、いい印象に変わっていきます。

掃除機の慣らし方の手順は
p.175を見てニャ

社会化

とっておきのおやつは特別な機会に

いやな経験をいい記憶として上書きする際、とっておきのおやつを使います。いつも食べているフードでは特別感が出なくて、いい記憶が定着するに至らない可能性があります。いちばん食いつきのいいおやつを使ってください。

そのためには猫の食べる様子を観察して、どんなときでも食べる大好きなおやつを把握し、常備しておきましょう。それはふだんはしまっておき、日々のおやつは二番手、三番手のものを与えます。

とっておきのおやつは記憶の上書きをするとき以外にも、猫が脱走してしまったときの呼び戻しの際などにも活用できます（p.192参照）。

ルーティンは守りつつ、ときに新しい経験も

猫は変化を好まず、変わらない日常に安心感を持ちます。ただ、新しい経験を重ねることでストレス耐性がつき、心の柔軟性や順応力も高まります。新しい経験の際には、それがいい記憶となるようサポートしてあげましょう。

ストレスが引き起こす症状を知っておく

「5つの自由」（p.85）のいずれか、またはいくつかを阻害されると、**猫はストレスを感じます**。なかでも大きなストレスを感じるのは、**痛みを伴う疾患があるときと、緊張、不安、恐怖といった精神的な脅威を感じているとき**です。

ストレスを感じると、猫はさまざまな症状を見せます。飼い主さんが気づきやすい例としては、猫が体の1カ所を執拗になめ続けるという症状があります。これは、ストレスが原因で同じ行動を繰り返す「常同行動」（p.124）のひとつで、皮膚をなめ壊してしまうケースもあります。

そのほかの代表的なストレスサインとしては、以下のようなものがあります。

・食欲がなくなる。
・食欲が増す（ストレス状況に対応するためのエネルギーをためようとしての過食）。
・攻撃的になる。
・トイレに何度も行くのに尿が出ない（膀胱炎の兆候）。
・トイレを失敗する。
・食べたものを何度も吐く。
・タオルなど布類をしゃぶる、食べる（ウールサッキング）。
・鳴き続ける。
・ずっと耳をピクピクさせたり、頭を振ったりする。
・背中の皮膚がけいれんする。

ストレス症状がひどくなるとうつ状態になり、隠れて出てこなくなったり、反応しないといったことも（p.111参照）。早めにストレスの原因を把握し、対処しましょう。

耳をずっとピクピクさせているのは、ストレスサインのひとつ。

緊張度と姿勢の相関図

※顔やしっぽなどは p.89 ～ 91 参照。

リラックス → 緊張・恐怖

	体	おなか	頭	動き
とてもリラックス 	・ヘソ天 ・横向きに寝る	・おなかを見せていることも ・ゆっくりした呼吸	・地面に投げ出している	・眠る ・休憩している
ややリラックス 体勢：足を投げ出して横たわる、香箱座り、通常のオスワリ など				
やや緊張 体勢：足を地面につけたフセ、通常のオスワリ、頭を上げて周囲を見ている　など				
とても緊張 	・座る、伏せる ・立って動く ・腰が引けている	・おなかを隠す ・通常の呼吸	・体より高く持ち上げている ・首をすくめぎみ	・逃げようとしている ・周囲を探索する
こわがっている 体勢：腰が引けている、首をすくめている、体勢を低くして動く　など				
とてもこわがっている 	・屈んで震える ・体勢を低くする	・おなかを隠す ・呼吸が速い	・体より低い ・動かさない	・固まって動かない ・警戒しながらウロウロする
恐れている 	・震えながら伏せる	・おなかを隠す ・呼吸が速い	・体より低い位置で固まる	・動かない

※ Cat Stress Score（Kassler & Turner 1997）を抜粋、再編集したものです。

ストレス

達成感・満足感を与えて ストレス解消を図る

ストレス解消のためには、何かに集中させることが効果的です。たとえば、思いきりおもちゃで遊ぶ、爪をとぐといった行動です。**一日のうち、何かに集中している時間が増えれば、漠然とした不安を感じている時間は減ります。**

飼い主さんとのふれあいからも安心感を得て、ストレス解消につながります。

猫自身がストレスを解消しようとする「転位(てんい)行動」という行動もあります。これはストレスを感じたとき、心を落ち着けるためや気をまぎらわすために、関係ない行動を起こすものです。たとえば、高いところに飛び移るのに失敗したあと、急に毛づくろいし始めた猫を見たことはありませんか。まるで照れ隠しのように見えますが、これは毛づくろいしながら動揺をしずめているのです。

これは自然で問題ないのですが、ストレスが続くと、体をなめたり、爪とぎをし続けたりなど転位行動を繰り返し、生活に支障が出てしまうことも。そうなった場合はストレス解消の対策をしなければ、自然にはおさまりません。

心ゆくまでの爪とぎもストレス解消につながります。

ストレス

溺愛行為を押しつけていないか振り返る

飼い主さんとのふれあいがストレス解消になるとはいえ、過剰にかまうことは、かえって猫にストレスを与えてしまいます。

かわいい愛猫をなでたい、抱っこしたいという気持ちはわかるのですが、**猫の気持ちを無視した溺愛は、飼い主さんの自己満足にすぎません。**猫が離れていくのは、距離をとりたいという気持ちの表れ。

また、なでているときに耳が横に寝てきたり、半目になったり、しっぽをパタパタさせ始めたら、「もうけっこうです」のサイン。こういったボディランゲージ（p.88〜91）に敏感になって猫の気持ちをしっかりとくみとり、**望まないことをしないのが本当の愛情です。**

ストレス耐性に影響する要因を把握しておく

多頭飼いは毎日が競争…

人間では、ストレスに強い弱いは遺伝子によって決まるのではないか、という研究があります。不安を感じやすい遺伝子があり、ストレスに弱い人はその遺伝子を持っているというわけです。

猫にもその可能性はあります。p.95の「5つの性格要素」でもふれましたが、**生まれつき神経症的な傾向の高い猫は環境の変化に弱く、ストレスを感じやすい面があります**。協調性が低い、衝動性が高いという性格も、ストレスを感じやすい要因です。

また、以下のような後天的な要因もストレス耐性に影響を与えるといわれます。

①多頭飼い

日々、食事や寝場所などを争う相手がいることが、猫の葛藤や欲求不満を生み、それによってストレスに敏感になることが考えられます。

②早期離乳

母猫から早く離された猫は不安が強く、過敏になりやすい傾向があります。攻撃性が高くなるという報告も。

③病気

疾患のある猫はストレスを感じやすくなります。

猫のストレス耐性を上げるというのはむずかしいことですが、ストレスの芽に気づき、早めに摘みとる飼い方を心がけたいものです。

ストレス

生活や気持ちのハリになる「ユーストレス」を

ストレスがすべて「悪」かというと、そうではありません。多少の緊張感は、生活や心のハリとして大事なものです。**その緊張感が解けて、「やったー!」「よかった!」という快情動（達成感や満足感、p.115）に転じると、結果としていいストレスになります。**これを「ユーストレス（快ストレス）」と呼びます。

たとえば、知育玩具に入ったおやつを取り出す際、「出せない」というストレスが、取り出せると喜びに変わります。また、飼い主さんが猫に対して何かトレーニングを行った場合、最初は要求に対してストレスを感じますが、それをクリアしてほめられたりごほうびをもらえると、うれしさに一転します。

このように、**ストレスを感じても短時間で解消される場合は「ユーストレス」になる**のです。

知育玩具はユーストレスを得るために有効です。

ストレス

いちばんのストレス、環境の変化に気をつける

猫は環境の変化を苦手とする動物です。自分のテリトリー（なわばり）に知らない人や物が入ることを嫌います。飼い猫だと、テリトリーは家ですね。

　ただ、自分が新しい環境に放り込まれるよりは、まわりが変わるほうがストレスは少ないので、飼い主さんの旅行の際などには、預けるよりペットシッターさんを頼むほうがいいでしょう。

　また、生活のルーティンが**くずれることもストレスの原因になります。同じ時間に同じことが繰り返されることが猫には幸せ。**たとえば遊ぶ時間が決まっていると、猫はその前からスタンバイしていて、脳内では早くも、「やる気」や「楽しみ」に関連する神経伝達物質のドーパミンが分泌されています。

　いつもはいないはずの時間に飼い主さんがいるなど、同居する人のライフスタイルの変化にも敏感です。

　できるだけ変わらない日々を与えてあげ、いつもと違うことがある場合は、フォローをしっかり行いましょう。

猫がストレスを感じやすいこと

引っ越し

環境が激変する引っ越しは大きなストレス！　猫がいる家庭の引っ越し手順はp.190～191を参考に。

ストレスが心配な場合は、**動物病院で抗不安薬をもらっておき、引っ越しに合わせて猫に飲ませる**方法も。

GABA系の抗不安薬は短時間の作用なので安全。気持ちをしずめ、脳の覚醒度を下げるので、引っ越しの記憶を残さない効果も期待できます。

リフォーム

リフォームは作業時に**業者が部屋に入ってくることに加え、部屋の様子が変わるので、猫のストレスも倍増**です。リフォーム後、新しい壁紙に自分のにおいを改めてつけようと、おしっこをひっかける「尿スプレー」が増えることも。猫がいる家ではなるべくリフォームしないほうが、猫にも安心です。

どうしてもリフォームが必要な場合は、ひと部屋ずつ進め、リフォーム中以外の部屋に猫を隔離します(p.190引っ越しの際の対応も参照)。部屋の余裕がない場合は、できればケージに入れ、タオルなどで覆って目隠ししてあげてください。

飼い主さんの出産

赤ちゃんを見た猫は「知らないモノが来た」と警戒心を示します。ただ、新生児はそんなに動かないので大きな脅威にはならず、徐々に慣れていくことが多いでしょう。また、**飼い主さんの関心が赤ちゃんに向くため、嫉妬することも**あります（対応策はp.138参照）。

テレワーク

飼い主さんがそばにいる時間が増えるので猫は喜ぶと思いきや、**ルーティンがくずれることは好まれません**。いつも寝ている時間帯に人の気配がしたり、かまわれたりすることがストレスになる場合も。猫と別の部屋で仕事をする、関わる時間や関わり方をこれまでと変えないなどの配慮を。

飼い主さんの結婚

知らない人が常時家にいるようになることがストレスに。尿スプレーなどの問題行動に発展する場合があります。相手を結婚前から何度か家に招き、**猫におやつをあげてもらって慣れさせておく**など、段階を踏んだほうがいいでしょう。

外からの刺激

猫は外を見るのが好きだろうと思い、窓辺にスペースを空けたり、外が見やすい位置にキャットタワーを設置したりする飼い主さんは多いでしょう。ただ、猫によっては、**外からの視覚、聴覚、嗅覚への刺激がストレスになる場合も**あります。窓から見える野良猫になわばりに侵入された気分になって攻撃したいと思ったり、鳥を捕まえたいと思っても、手を出せないことに葛藤を感じてしまう猫も。

車や工事による騒音や、発情期のメスのにおいなどがストレスになる場合もあります。そうしたときは、カーテンを閉めておくなどして、外からの刺激をできるだけ遮断しましょう。

飼い主さんとの死別・離別

いなくなったことに気づいて不安そうな様子を見せることはあります。ただ、それは悲しみからというより、**ルーティンが変わったことなどが原因**の可能性も。飼い主さんがいなくなっても、猫自身がよそにもらわれていくなど環境の変化がない場合は、引っ越しほどのストレスにはならないと考えられています。

同居猫との死別・離別

これも同様に、いなくなったことに気づきますが、**自身の環境に変化がない場合はそれほどのストレスではない**と考えられます。ただ、遊び相手がいなくなった分、飼い主さんに甘えるようになることも。

ストレス

ストレスが引き起こす猫のうつ症状を知っておく

　過剰なストレスにさらされ続けると、**無気力**になったり、**眠れない、体がだるい**といった**うつ症状**を発症することがあります。これは人も猫も同じで、ストレスによって、楽しいという気持ちや意欲に関連するドーパミンという神経伝達物質の分泌が減り、能動的な動きをしなくなります。

　それにより猫の場合は、部屋の隅に隠れてしまったり、じっとうずくまっていたり、反応しなくなったり、ごはんを食べなくなったりといった様子が見られます。

　ストレスによって体の一部をなめ続けるといった問題行動はまだうつ段階ではなく、**何をしてもストレスから逃れられないとあきらめ、無気力になったのがうつ状態**です。

　ストレスの原因を取り除くのはもちろんですが、**うつ状態になっている場合は早めに動物病院を受診したほうがいい**でしょう。抗不安薬の処方、ストレス原因の特定と排除の方法、猫への接し方などについて、よく相談を。

脳

「かしこい猫」になるようよく眠らせ、遊ばせる

明暗周期をつくり、体内時計のリセットを。

猫でも、「かしこい子に育てる方法」は実践できます。かしこい猫にする、すなわち脳を最高の状態にするためには、次のような方法が有効だと考えられます。

①**よく眠らせる**

成猫で1日14時間、子猫で18〜20時間以上の睡眠が必要といわれています。**十分な睡眠で脳に栄養を与えて**、健康に保ちます。人間と同じで、**体内時計を整えることも大切**。夜になったら部屋を暗くし、朝になったら明るくして、体内時計をリセット。来客に備え、猫がゆっくり眠れる別室があるといいですね。

②**新しいことをさせる**

猫は決まった暮らしを好みますが、ときどき**新しいことに挑戦すると、脳の神経細胞を成長させる因子の増加が促されます**。この成長因子は、記憶力向上につながります。

③**ストレスの芽を摘む**

ストレスが慢性化すると、脳の「海馬」という部分の神経新生が減り、**記憶力が低下します**。ストレスが解消すると、海馬は再び復活します。

④**楽しくふれあう**

「幸せホルモン」とも呼ばれる**オキシトシンは**、ストレス

新しい経験や遊び、おもちゃで脳に刺激を。

ホルモンを抑制する効果、心臓・血管へのよい効果があるとされます。飼い主さんとのふれあいを楽しんで、猫の脳内でオキシトシンが分泌されるとストレスが減り、海馬にもいい影響を与えます。

⑤腸内環境を整える

腸は第二の脳といわれるほど大事な部位。腸内環境がいいと、それだけ記憶力が優れていたり、脳疾患への抵抗力が強くなります。乳酸菌やビフィズス菌が含まれるフードなどの助けも借りて、**腸内フローラを整えましょう。**

⑥肥満に注意する

肥満になると体内では炎症が起きた状態になり、サイトカインという物質がつくられます。この**サイトカインが、脳の神経細胞に障害を与える**と判明しています。猫を肥満にさせないために、食事と運動に気を配りましょう。

⑦知育玩具を使う

人間において、ゲームやパズルは**短・長期的な記憶力や集中力を高める**効果があるといわれます。猫でも知育玩具によって、同じ効果が期待できます（p.144参照）。

脳

高齢猫の脳活には ストレス回避と良質な食を

高齢の猫でも脳活は可能です。脳のコンディションを守り、認知機能低下を遅らせることを第一に考えましょう。

そのためにはまず、**ストレスの芽を摘むこと**。p.112でもふれたように、ストレスは記憶力低下の要因にもなるのです。人間は深呼吸することでストレスホルモンが減りますが、猫も新鮮な空気にふれさせるようにしましょう。部屋の換気を定期的に。

次に、**良質なフードを与え、安定した高品質の栄養素を摂れるようにすること**。十分な**水分も大切**です。老猫は水分摂取が減る傾向があり、これは脳のコンディションにもリスクになります。

また、**脳の老化を促す「活性酸素」の働きを抑えるビタミンCもしっかり与えましょう**。多くのフードにも含まれていますが、サプリメントを活用してもいいでしょう。

これらはもちろん、十分な睡眠、適度な運動が前提です。

記憶

猫に「快情動」を感じさせる飼い方を

物事や経験を猫の記憶に残すためには、心を動かす必要があります。こわい、いやだ、不安だといったネガティブな感情（不快情動）と、おいしい、楽しい、気持ちいいといったプラスの感情（快情動）のいずれかに**大きく心が揺れたときに、その感情と経験が結びついて記憶に残りやすい**のです。逆にいうと、心が動かなかった物事や体験は、猫はすぐに忘れてしまいます。そして、**強烈にいやだった、こわかったという記憶は、トラウマとして残ります。**

以前来た人を覚えている場合は、猫にとってその人がとてもいやだったか、とても好ましかったかのどちらかです。その人においしいおやつをもらったなどの経験があれば、プラスの感情とともに記憶されやすくなります。

猫に快情動を生じさせることの多い飼い方をしてあげたいですね。

記憶

記憶力アップに効果的な有酸素運動をさせる

人間では、**有酸素運動が脳の短・長期的な記憶力を高める効果がある**と実証されています。ある研究では、毎週一定時間のストレッチ運動を行ったグループは短期記憶が高まり、週1〜2時間サイクリングのエクササイズをしたグループは6カ月後に長期記憶が高まったとされています。

これを猫に置き換えると、**部屋を走り回ったり、キャットタワーを上り下りする運動が当てはまります**。ときどきこういった活発な遊びをするよう、飼い主さんが誘導してもいいかもしれませんね。

記憶

名前を呼んだあとにいいことがあると覚えやすい

猫は自分の名前を覚えています。「名前」という感覚はないかもしれませんが、その言葉のあとにごはんが出されたり、なでてもらえたりすることを繰り返すと、いい言葉だと認識します。そして、「○○ちゃん」と呼ぶと振り向いたり、やって来たりと、反応するようになります。

猫は飼い主さんの感情に敏感なので、名前を呼ばれる背景にある気持ちにも気づきます。たとえば飼い主さんが、自分の好きな人の名前を猫につけて、「○○ちゃん♥」とうれしげに呼ぶと、猫もなんだかハッピーな気持ちに。

さらに、猫はカ・ガ行やタ・ダ行、ハ・パ・バ行の破裂音が覚えやすいといわれています。名前を考える際には、そういったことも頭に入れておくといいかもしれません。

家に迎えた当初は、名前の呼び方、ほめ言葉を家族で統一しておくほうが猫も覚えやすいでしょう。とはいえ、各自バラバラな呼び方でも猫はだんだんと、「この人はこういうふうに呼ぶんだな」と覚えていきます。

呼ばれる回数が多いほど、猫は名前を記憶しやすくなります。

トラウマにしないため いい記憶で上書きする

記憶を書き換えて～

猫は基本的に、いやなこと、こわかったこと、痛かったことの記憶を残します。それらの記憶をもとに、野生時代の猫は危険や脅威を回避し、同じ状況に陥らないようにして生き延びたからです。

その能力は飼い猫にも残っていて、いいことよりも、**いやなこと・こわいことが記憶に残りやすい傾向**があります。ネガティブな体験がトラウマになってしまった場合はどうすればいいでしょう？

トラウマ解消のためには、同じ体験をいい記憶で上書きすることが大切。そのために有効なのが「拮抗(きっこう)条件づけ」です。これは、苦手なことと好きなことを同時に経験させ、徐々にその体験を「快」のイメージにしていく方法です。たとえば、工事などがきっかけで物音におびえるようになってしまった場合。まずは、猫がこわがらない程度に小さく物音を立てながらおやつを与えます。猫が食べたら、次は少し大きな音を立てながらまたおやつを。これを繰り返して「大きな音＝おやつが出てくる前触れ」と認識するよう記憶を上書きしていきます。

トラウマになりそうな経験があったら、すぐに行うのがポイント。その週のうちに2～3回行えば上書きがスムーズです。

記憶

手からフードをあげて好感度をアップさせる

猫との距離感や接し方を誤って、飼い主さん自身が猫のトラウマになってしまうこともあります。急に猫が近寄ってこなくなったら、警戒されているか、嫌われているかもしれません。かまいすぎたとか、しっぽを踏んでしまったとか、思い当たることがないか考えてみましょう。

そんなときは、好感度を上げて関係改善を図りましょう。**最もいいのは、猫の好きなことを頻繁にしてあげること。**食べ物で釣るのがいちばん効果的です。その際、**飼い主さんの手から食べさせること。**お皿で与えると、そのお皿にいいイメージを持ってしまう可能性があります。

猫に何かしてしまったら、「ごめんね、もうしないから」で終わらせず、積極的に関係改善を！

おやつで懐柔するのがいちばんの早道。

記憶

してほしくないことは間髪入れず止める

猫が食卓にのった、家具を引っかいたなど、してほしくないことをした場合、どうすればいいでしょう。まずは**間髪入れず「ダメ！」と止めることが必要**です。時間が経ってからしかっても、猫は何をいわれているのか理解できません。0.5秒でも刺激が遅れると、記憶の定着が劣るといわれるので、即！が大切。

ダメなことを止めなかった場合、猫は承認と受けとってその行動を繰り返します。**「ダメ！」という言葉とともに、猫の気持ちがそがれることを起こすと、行動の抑止に効果的**です。たとえば、猫の嫌いなにおいのスプレーを噴射する、うちわの風を当てるなどです。その際、飼い主さんがそれをしていると気づかれると猫に嫌われてしまうかもしれないので、「この行動をすると、どこからともなくいやなにおいが吹き出す」「どっかから風がくる」と思わせるよう、猫の死角から吹きかけるなどの工夫を。気持ちがそがれた様子を見せたら、遊びに誘うなど、他の行動に移行させましょう。

ただ、同じことを何度か経験すると、においや風なんてたいしたことない、と思うようになるかもしれないので、気をそらす策略は手を替え品を替え行うのがおすすめです。

猫は「罪悪感」を感じるの？

花びんを落として割った、ティッシュを散らかしたなどのあと、飼い主さんの視線を感じると、猫が申し訳なさそうな表情をしたり、目をそらしたりすることがあります。「すみません」「しまった」という顔に見えますが、**猫が罪悪感や後悔を感じている可能性は低い**と考えられます。

自分の行いの結果に対して罪悪感や後悔を覚えるという感情には、かなり高度な認識が必要です。「ダメだとわかっていたのにしてしまった」という長期記憶も必要で、猫の認識力を超えています。

でも、猫は飼い主さんの表情をよく理解するので、**飼い主さんの怒りや、その場の雰囲気の悪さを感じとり、それを受け流したい気持ちがある**可能性はあります。目をそらすのはバツの悪さからではなく、「あなたに敵意はありません」という意味です。

また、飼い主さんが「あ〜！」という大声を出したり、猫を押さえつけたりした場合、それをいたずらとあわせて記憶することがあります。たとえば花びんを再び落としてしまった場合、「前にこれをしたとき飼い主さんがいやなリアクションをした」と覚えていて、また同じことをされないよう、逃げ隠れすることも。残念ながら、「合わせる顔がない」という気持ちではないのです。

飼い主さんの怒りや雰囲気の悪さは感じる

猫に多い問題行動と対処法

「問題行動」とは、飼い主さんが困ったと感じる猫の行動のこと。

ここでは猫によくある問題行動とその一般的な対処法の例を一覧にしました。いずれも、まずは環境を適切に整え、ストレス原因を取り除くのが基本です。

ただ、ケースバイケースで対処が異なることも多いので、専門家へ相談するのが解決への早道です。まずは、「キャット・フレンドリー」（p.68）の動物病院を受診することをおすすめします。

問題行動 ❶

マーキング

おしっこを後方に飛ばして、
壁や家具に自分のにおいをつける行動。

＜対処方法＞

- □ **マーキングでにおいづけされた場所は「おしっこをする場所」と猫に認識されるので、においを残さないよう洗剤などできれいにする。**
- □ **猫は食事と排泄の場所を分けたがるので、マーキングされやすいところをごはんの場所にする。**
  →そうすると、ここは食事の場だからと、おしっこするのをやめるように。

column

問題行動❷

不適切な排泄

トイレ以外の場所でうんちやおしっこをする行動。

＜対処方法＞

□トイレの数を増やす。

□トイレを清潔にする。週に１回は丸洗いする。

□形状やサイズの異なるトイレをいくつか用意したり、形状が異なるトイレ砂を別々のトイレに入れて、排泄しやすいものを猫が選べるようにする。

□トイレ以外の場所で排泄するなら、そこで食事を与える。
→猫は食事場所では排泄しないので、そこをトイレ代わりにするのは避けるようになる。

問題行動❸

攻撃行動

飼い主や同居猫を噛んだり、引っかいたりする行動。

＜対処方法＞

□猫がリラックスできるよう関係性を再構築する（p.119 参照）。

□猫が攻撃的になりやすい甲状腺機能亢進症（こうしんしょう）（p.77）などの疾患を疑う。

□攻撃行動が起こったときの状況をメモし、同じ状況にならないようにする。
→たとえば、遊び中に飼い主さんの手に噛みついてきたとき、手を遊び道具と思っている場合があるので、遊ぶ際にはおもちゃを使う、など。

□攻撃行動はあまりにも原因が多岐にわたるので、どうしてなのかはっきりせず、悩むことが多い。飼い主さんが危険を感じるなら、早めに専門家に相談する。

column

問題行動❹

過剰な鳴き声

ずっと鳴き続けている状態。

<対処方法>

□**まずは動物病院を受診し、病気が背景にないか確認する。**
→痛みでイラついていたり、ホルモン異常の場合などがある。

□**飼い主さんの注意を引こうとしている場合は要求を見極める。**
→すぐに応えると、鳴くと要求が通ると認識してしまいがちなので、過度な要求には応えない（p.128 参照）。分離不安（p.139）などがないかのチェックも。

問題行動❺

不適切な引っかき

爪とぎがあるのに、家具や壁などで爪とぎをする行為。

<対処方法>

□ **爪とぎをもっと目立つ場所に設置する（p.198 参照）。**

□ **爪とぎの数や種類を増やし、猫が選べるようにする。**

□ **飼い主さんがいるとき限定で起こる場合、注意を引きたい可能性も。**
→遊んであげるなどして爪をとぐことから気持ちをそらしても。ただ、これも爪とぎをすると要求が通ると認識してしまうことにつながるおそれがあるので、過度な要求には応えない。

常同行動

同じことをひたすら繰り返す行為。飼い主さんが声をかけてもその行動をやめない場合は、病気の可能性が高いので、早めに専門家に相談したほうがいいでしょう。

<常同行動としてよく見られる症状>

□体の同じ部分をなめ続ける。
□ウールサッキング（布類を吸う、食べる）。
□同じ抑揚で鳴き続ける。
□自分のしっぽを追ってぐるぐる回り続ける。
など

3
章

猫との コミュニケーションに いいこと

なで方、話しかけ方、近づき方、遊び方など、
猫に好かれる飼い主さんになるふれあい術をまとめました。
猫が満足するおもちゃの使い方も知っておきましょう。

信頼関係を築くため猫の気持ちを読みとる

耳が横になった、いわゆる「イカミミ」は不機嫌の表れです。

猫と人が快適に暮らしていくうえで、信頼関係を築くことが大切になります。そのために、猫に合わせたコミュニケーションをとっていきましょう。信頼関係がまだできていないのにいきなり近寄ったり、なでようとすれば、猫はおびえてしまいます。うまくコミュニケーションをとるためには、まず「猫の気持ち」を考えてあげることです。

猫がどんな気持ちでいるのか判断する目安になるのが、ボディランゲージ。目や耳、姿勢、しっぽの状態や動きなどに、**猫の気持ちが表れています**（p.88〜91参照）。基本となるこれらを、まずは把握しておきましょう。

鳴き声にも気持ちが表れるので（p.92参照）、それらも知っておくとさらに気持ちの理解につながります。

コミュニケーションの基本

猫の心身のために コミュニケーション不足に注意

猫にとっての安心とは、快適な環境で過ごし、そこに信頼できて大好きな飼い主さんがいてくれること。人間と同様に、猫も大きなストレスを抱えることなく安心して暮らせることで、心や体も健康に保つことができます。

信頼できる飼い主さんになるには、毎日のお世話、ふれあいや遊びなどのコミュニケーションが欠かせません。コミュニケーションが不足し、飼い主さんのことが信頼できないと、猫の心身に影響が出てきてしまいます。

猫は常に不安を抱くようになり、どうしたらいいのか葛藤を感じます。そのストレスがさまざまな問題行動につながったり、特発性膀胱炎や慢性腸症、皮膚疾患などの身体症状を引き起こす可能性もあるのです（ストレス症状についてはp.102参照）。

それを避けるためにも、**遊んだりふれあったり、猫とのコミュニケーションの時間を毎日必ず持ってください。**猫の気持ちに寄り添いながら、いっしょに楽しい時間を過ごして、信頼される飼い主さんになることを目指しましょう。

猫の要求内容を理解しつつ甘やかしすぎないこと

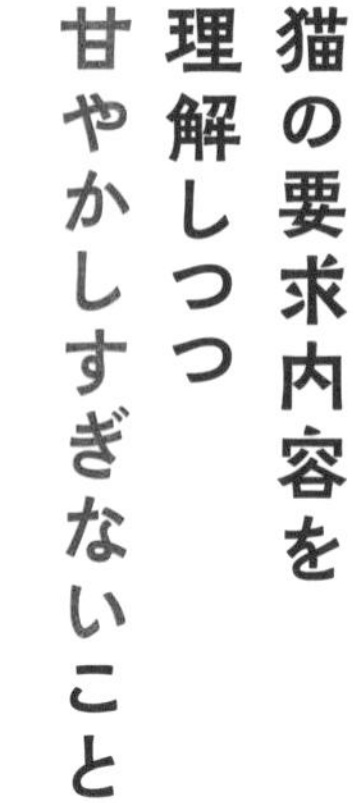

いっしょに暮らしていると、ごはんちょうだい、遊んでほしい、なでてほしいなど、猫はいろいろなことを要求してきますね。かわいい声で鳴かれると、全部の要求に応えてあげたくなる気持ちはわかります。でも、そのために睡眠不足になるなど、**飼い主さんの生活や心身に無理が生じるほどの「奉仕」は長続きしませんし、必要ありません。**

まずは猫が何を要求しているのか、その内容を推測します。いっしょに暮らしていくうちに、何を要求しているのかだんだんわかってきて、効率よく応えることができるようになるでしょう。内容がわかったら、飼い主さんができる範囲で対応してあげたらいいのです。

ただし、明らかにおなかがすいて要求しているのであれば、必要なごはんを与えるなど、**猫にとって「5つの自由」（p.85）が守られるように対応することは大切です。**

甘やかしすぎると、飼い主さんの関心を引きたくて、要求が過剰になってしまう場合があります。問題行動などのトラブルを招くこともあるのでご注意を！

ふれあい

ゆっくりまばたきするのは友好を示すサイン

猫に好かれるためには「猫がいやがることをしない」のが基本です。でも、猫とのふれあいの中で、知らず知らずのうちに猫がいやがることをしていることはけっこうあるもの。近づき方や見つめ方も、猫に合わせていく必要があります。

信頼関係ができる前に、正面からズカズカと近づかれると、猫は警戒してしまいます。基本的には、猫のほうから近づいてくるのを待つのがいいでしょう。

じーっと見ないことも大切です。目を大きくして相手を凝視するのは、獲物を見つけたときに猫がする行動と同じ。「威嚇されている」「攻撃されるかもしれない」と、猫はとらえてしまいます。

凝視ではなく、猫に向かって、ゆっくりまばたきして見ましょう。猫がまばたきするのは「私はあなたに敵意はありませんよ」と友好的な意思を表すサインになります。猫の前でゆっくりまばたきすると、猫もまばたきで返してくれることが多いとの研究結果もあります。

猫のいやがること、苦手なことを避けたコミュニケーションで、スムーズに信頼関係を築いていきましょう。

ふれあい

グチったら最後に「聞いてくれてありがとう」を

猫が女性を好むことが多いのは、男性の低い声よりも女性の高い声に安心するからです。話しかけるときは高めのトーンを意識してみましょう。突然大きな声を出されたら、自分をおびやかす相手と思ってしまいます。ゆっくりとリラックスした小さな声で話しかけること。

猫は飼い主さんのことを知りたいと思って感覚をとぎ澄ませているので、どんどん話しかけてみましょう。内容を理解しているわけではありませんが、話しかけてくるときの飼い主さんがうれしそうとか悲しそうとか、猫にも感情はわかります。グチなどネガティブな話を聞いてもらうのは悪いかな、と心配なら、最後に「聞いてもらってスッキリした。ありがとう♥」で終わりましょう。笑顔と感謝の気持ちは猫に伝わります。「グチってもむだだったわ」で終わると、否定的な感情が伝わって猫も悲しいものです。

ふれあい

なでるときは長くても10分以内に

あご下にはツボがあり、ここをなでられるのを好む猫は多いでしょう。ただ、個体差もあるので、なでながら好む部位を探しましょう。

体をやさしくなでてあげることは、コミュニケーションのひとつです。ふだんからさわられることに慣らしておくと、お手入れもラクになり、体のどこかに不調がないかの確認もしやすくなります。

なでるにあたってのポイントを知っておきましょう。

●**猫が頭をすり寄せてきたら、なでてほしいというサイン。**飼い主さんからグイグイいかず、猫が近づいてくるのを待ちます。

●**初対面の場合、首から下はなでないように**します。猫同士グルーミングし合いますが、基本、なめるのは相手の顔。首から下をなめられたりさわられるのは、猫は本来は苦手。信頼できる飼い主さんには、首から下、おなかもなでさせてくれます。

●**なでる側もリラックス**した気持ちで。なでる側が緊張していたり、義務的にしていると、猫に伝わります。

●**長くても10分以内で切り上げます。**なでてほしいと近づいてきたのに、なで続けているうちに猫が噛んでくることがあり、これを「愛撫誘発性攻撃行動」といいます。猫の様子を見ながら、**なでられることに飽きたり、いやがる前に切り上げることが**大切です。

抱っこ中、しっぽが動き始めたら降ろす

抱っこされるというのは、猫にとっては行動の自由を制限される行為に思えるため、いやがる子も多くいます。ただ、動物病院での診察や、いざというときに安全な場所へ移動するときなども抱っこが必要なので、ふだんから慣らしておきたいもの。

子猫のうちから、抱っこする経験を重ねていくことで慣れていきますが、成猫で、すでに抱っこが苦手という場合もあります。その場合、最初は体に手を添えるところから始め、おやつをごぼうびに使いながら少しずつステップを踏んで慣らしていきましょう。

抱っこが好きな子もいますが、しばらく抱っこしているとしっぽが左右にゆっくり動き始めて、イライラしているサインを送っていることも。耳やしっぽの様子を見て、不快なサインが出始めたら、すぐに抱っこをやめましょう（p.88～91「ボディランゲージ」参照）。

肩にのった猫は誘導して降ろす

飼い主さんの肩にのってくる猫も見られますが、これは高い位置からものを見たいという猫の習性によるものです。無理に降ろそうとすると猫に嫌われる心配も。他の人に猫を呼んでもらう、おやつやおもちゃを使って誘導するなどして、猫に自分から降りさせるようにしましょう。

ふれあい

家に迎えてすぐは猫のペースに合わせる

猫を家に迎えると、すぐにかまいたくなるかもしれませんが、猫が安心して過ごせるようになるには、最初が肝心。次の基本を押さえてお迎えを。

①猫を迎える前に必要なものをあらかじめひとつの部屋にセットしておきます。できれば人の出入りのない部屋に。余分な部屋がない場合は、生活動線から外れている静かな場所を選びます。

②①の部屋に、猫を連れてきたキャリーケースを扉を開けたまま置き、人は他の部屋へ。

③しばらくして猫が落ち着いてきた様子だったら、その部屋にそっと入って静かに座ります。猫が自分でキャリーケースから出て動き出し、近寄ってくるのを待ちましょう（そのときの対応はp.134参照）。

④慣れてくると猫はその部屋以外も探索したくなってくるので、猫のペースに合わせ、入れる部屋、顔を合わせる家族や同居動物を増やしていきます。

新しい場所がこわくて、なかなか動けない猫も。それまで食べていたフードをそばに置いてあげると、においで安心することもあります。

猫が近づいてきたら まずはにおいをかがせる

猫が少し落ち着いて、キャリーケースから出て近づいてきた際（p.133参照）、飼い主さんはどのような行動をとればいいのでしょう？　猫のほうから近づいてきたからと、いきなり体をさわろうと手を出すのは禁物です。

猫が近づいてきたら、まずはにおいをかがせてあげます。相手のにおいをかぐことで、猫は安全かどうかを確認します。においをかいで、「この人は大丈夫そうだな」と思えば、顔や体をこすりつけてきます。そうしたら、なでてあげましょう。猫の様子を見ながら、なでてあげましょう。猫との距離を早く縮めたい気持ちもわかりますが、決して焦らないこと。第一印象が肝心です。

具体的には左ページの4点を押さえ、猫を安心させる接し方を。

においをかがせるときは手を握った状態で（左ページ参照）。

初対面で気をつけるポイント

**用心深い猫を安心させるには、ゆっくりと慎重に。
第一印象をよくしてスムーズなスタートを！**

1 手は握った状態のままにおいをかがせる

開いたまま手を差し出すと、指の長さの分、大きなものに見えて、最初はこわがる猫もいます。手は握って小さくこぶし状で差し出して。また、こぶしに顔をすりつけてきたからさわっても大丈夫かと、握っていた手をすぐにパッと開くと驚いて逃げる猫もいるので、様子を見ながらゆっくり手を開きましょう。

2 猫をじっと見つめない

相手を凝視するのは、猫にしてみると威嚇や攻撃を表すサイン（p.129参照）。猫と目が合いそうになったら、目をそらして顔を横に向けるか、ゆっくりとまばたきして敵意がないことを示します。

3 ボディランゲージをチェック

初めて接する猫の場合、なでるのは首から上の部分にとどめます（p.131参照）。なでている際には猫のしっぽの動きなど全身のボディランゲージ（p.88～91）を観察して、不機嫌になったらやめること。

4 猫が離れた場合は追いかけない

猫が離れていくのは、飼い主さんと距離をとりたいと思っていることを示しているので、追いかけないこと。ただし、猫が遊びに誘っているときは、離れたあとこちらを振り返って「ニャー」と鳴くので、そのときは相手を続けてあげましょう。

column

初対面で失敗したらいったんリセットを

いきなりさわって猫をおびえさせてしまったなど、初対面から失敗した場合、飼い主さんはいったん猫から離れます。部屋の遠くから猫に向かってフードやおやつを投げて、猫がそれを食べてリラックスした様子になったら、また猫が近づいてくるのを待ち、においをかがせる段階からゆっくり再開を。猫の興奮がおさまらない場合は、部屋にごはんと水を置いて、人は立ち去って。半日ほどして猫が落ち着いたら、またイチから始めましょう。

飼い主さんと関わらない猫は注意して見守る

飼い主さんと距離をとる猫も中にはいますが、必ずしも関わりの薄い状況を好んでいるとは限りません。「ひとりでいるのが好きなんだな」「自立した子なのね」と割り切らないこと。何か問題があるのかもしれないと、関わり方を見直してみることも大切です。ふれあいを好まない猫には、飼い主さんを信頼できないなど、根底に不安があるケースもあります。

多頭飼いで、他の猫から離れている場合も、様子を見守ってあげてください。

猫は譲り合う習性があります。たとえば、飼い主さんとのコミュニケーションを求めていても、多頭飼いの場合、他の猫に遊びの順番を譲ってしまうことも。本当は自分も遊びたい葛藤があり、それがストレスになっている猫もいます。また、食事皿や水皿、トイレの数が足りていないと、それを譲ってしまうことでも欲求不満になります。そうした多頭飼いならではの状況をいやがり、1匹でいる場合もあるのです。

まずは十分な食事と水とトイレがある環境を整え、**順番に1匹ずつコミュニケーションの時間を持ってあげます。**

「ひとりが好き」とは限りません。

ふれあい

「ニャー」と話しかけてきたら反応してあげて

子猫は母猫に向かって「ニャー」と鳴きますが、成猫同士では鳴きません。成猫が「ニャー」と鳴くのは、人に向けてだけなのです。飼い主さんを母猫のように見なしていると考えられます。

飼い主さんに向かって鳴くのには、「おかえり」というあいさつだったり、「おなかすいた」「なでて」という要求だったり、いろいろな理由があります（p.92参照）。活発で好奇心が強く、外向的な猫ほどよく鳴く傾向が見られます。

猫が話しかけてきたら、反応してあげるのもコミュニケーションのひとつです。「はいはい」「な〜に？」だけでも、飼い主さんに反応してもらえるのは、猫もうれしいのです。

ただし、シニアになって鳴くことが増えた場合、認知症（p.75）など別の原因がある場合も考えられます。まずは動物病院で確認してください。

やきもち抑制には、嫉妬対象を快情動に結びつける

猫もやきもちをやきます。飼い主さんが他の猫をかわいがると嫉妬するというのはよく聞きますが、人や物に対してもあります。飼い主さんが

たとえば、赤ちゃんを抱っこするときに猫をなでることを繰り返すと、「飼い主が赤ちゃんを抱っこするときにいいことが起こる」と思い、赤ちゃんへの印象も良化します。

赤ちゃんのお世話をしている、パートナーを部屋に連れてきた、スマホに夢中になっているなどのとき、飼い主さんの注意を引こうと攻撃的な行動を起こしがちです。

猫の嫉妬心を抑える対策を知っておきましょう。

●猫と向き合って過ごす時間を増やすこと。ただ、猫の欲求にすぐ応えると、飼い主さんの注意を引くのには、攻撃行動が効果的と思わせてしまうおそれも。「こっちにおいで」など何かひとつ猫にさせ、攻撃行動からワンクッションおきましょう。

●自分の場所が奪われたり、ルーティンがくずれると嫉妬行動が激しくなることもあるので、猫が安心して過ごせるパーソナルスペースを与えて。もし、そのスペースに影響する部屋の模様替えが必要な場合は、一気に変えず、猫に不安を与えないよう毎日ちょっとずつ変えましょう。

●飼い主さんが、猫の嫉妬対象の人や物の近くにいるときに、猫におやつをあげる、なでるなどします。すると、猫の中で嫉妬対象が「快情動」（p.115）に結びつき、受け入れられるようになります。

ふれあい

分離不安の対策には朝ごはんをしっかり

留守番時など飼い主さんの姿が見えないと不安になり、心身に支障をきたすのが「分離不安」です。進行すると、強いストレスを受けたときと同じ状態に。下痢、嘔吐、食欲不振などの症状や、鳴き続ける、体を過剰になめる、物を壊すなどの行動が見られます。

分離不安をひどくさせないためには、留守番時に楽しめるおもちゃや安心できる寝床、留守中におなかが減ったときのための自動給餌器、十分な数のトイレなどを用意しておきます。しっかりと朝ごはんを食べさせると満足度が高くなり不安が抑えられるので、対策のひとつになります。

分離不安が進行している場合は、抗不安薬を使うなどの薬物治療が効果的なこともあるので、獣医師に相談を。

遊びに誘うのは朝か夕方がいい

いっしょに遊ぶ時間を持つのは、コミュニケーションのためにも大切なことです。

猫は基本的に、毎日決まった時間に決まったことを行うルーティンワークを好む動物です。遊びに関しても、毎日だいたい同じ時間に、いっしょに遊ぶ時間をもうけるようにしましょう。猫が活発なのは、明け方と夕方の時間帯。遊ぶ時間はその時間帯にするのが理想的です。

ただ、飼い主さんの生活スタイルにもよるので、朝起きたときや、朝食や夕食のあとだったり、1回5分ずつでもかまいません。猫が活発な時間で、飼い主さんも時間がとれるときに、遊びを通してコミュニケーションの時間をつくりましょう。時間があるときも、猫の様子を見ながら、飽きたり疲れたりする前に遊びを切り上げます。「また遊びたい」という気持ちを持たせて終えましょう。

猫が飽きてきたかなという目安は、あまり動かなくなる、おもちゃへの興味が薄れて別のところを見る、いっしょに遊んでいた飼い主さんから距離をとるようになるなど。これらはもう十分というサイン。また、遊びを終える際は、猫の狩猟本能を満足させてあげることが大事です。

飽きてきた猫が距離をとり始めたのに、飼い主さんがさ

飽きることもあるニャ

達成感を持たせて遊び終える

猫は遊んでいるとき「ドーパミン」という脳内ホルモンが出た状態になります。ドーパミンは何かを追い求める意欲やワクワクする気持ちを引き起こす物質で、野生では狩りの最中に分泌されます。ドーパミンが出たままで遊びを終えてしまうと、もっと遊びたくて、いたずらなどの問題行動につながりかねません。遊びの最後には、獲物代わりとなっているおもちゃを捕まえさせてあげて。「つかまえた！」「やった！」という達成感で、幸福感に作用するホルモン「エンドルフィン」が出て、猫は満足して遊び終えることができます。

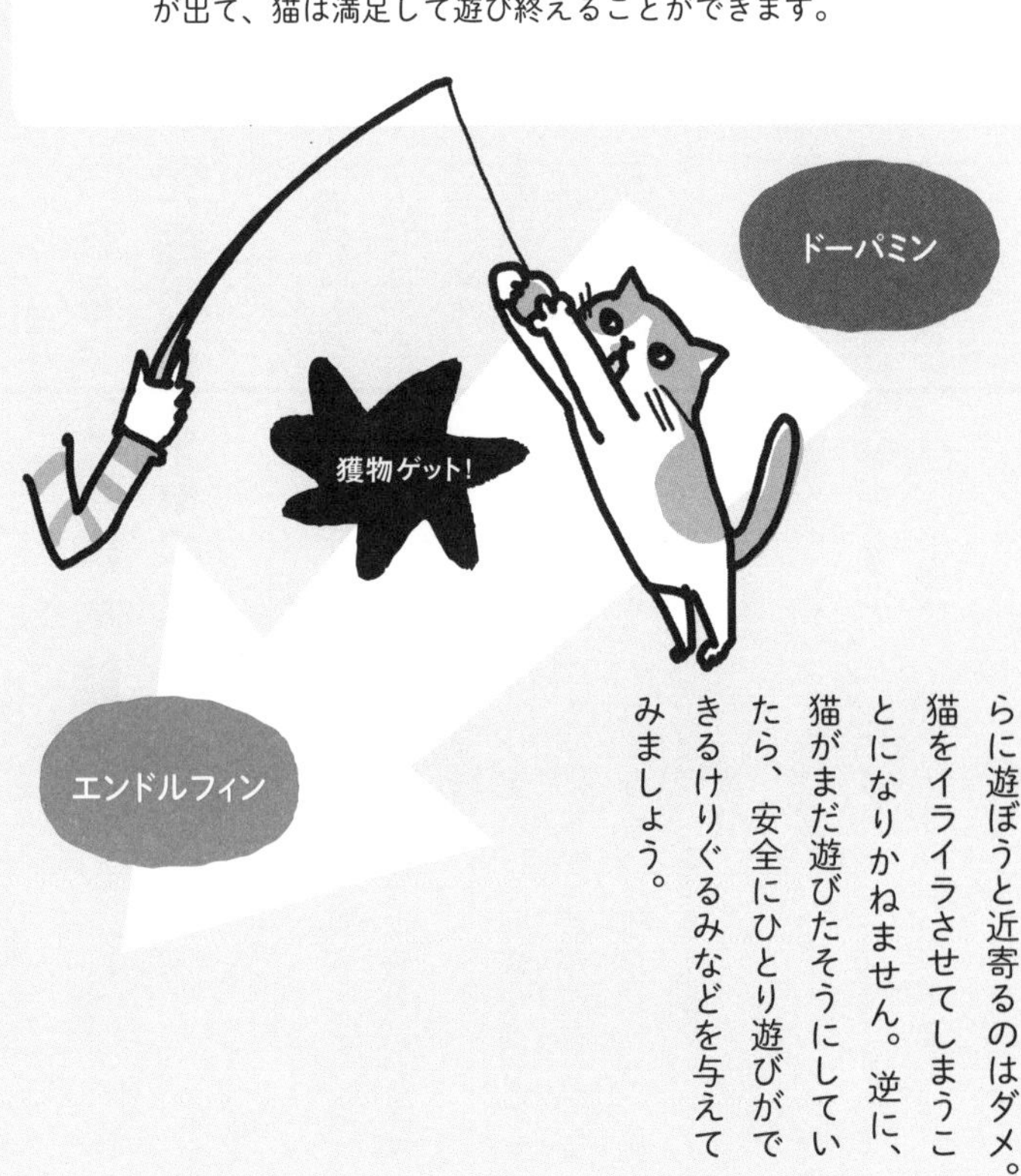

らに遊ぼうと近寄るのはダメ。猫をイライラさせてしまうことになりかねません。逆に、猫がまだ遊びたそうにしていたら、安全にひとり遊びができるけりぐるみなどを与えてみましょう。

遊び

おもちゃは狩猟本能が発揮できるものに

猫のおもちゃにも、いろいろな種類があります。猫が最も好むおもちゃは、狩猟本能が発揮できるもの。左ページで紹介しているようなおもちゃでの遊びが、その本能発揮にぴったりです。

ほかには、トンネルのような狭いところに入るのも、隠れるのが好きな猫にはお気に入りの遊びです。トンネルの中にボールを転がし入れると、猫は追いかけて狩り気分を楽しめます。

シャカシャカ音が鳴るおもちゃに狩猟本能がかき立てられる猫も。獲物が立てるかすかな音にも聞こえるからです。ただ、シャカシャカ音のような高い音で、てんかん発作を起こす猫もいるので、初めて使うときには注意しましょう。

猫が喜ぶおもちゃと遊び方

獲物に似た動きをできるおもちゃを使って、猫の狩猟本能を満たしてあげましょう。

① ボール

野生の猫は、ネズミや虫など地面を動くものを捕獲します。そんな動きができる、転がすようにして遊ぶおもちゃ。飼い主さんに転がしてもらったり、猫が自分で動かしながら遊べます。

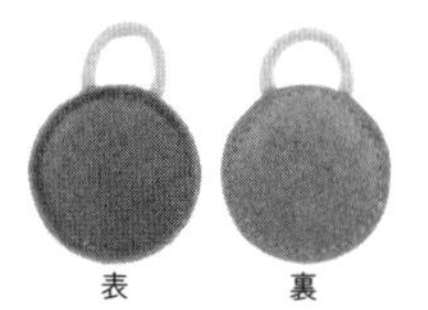

レザー猫ボール

② 猫じゃらし

猫の食いつきがいいおもちゃ No.1 は猫じゃらし。鳥の羽ばたきのように、猫じゃらしを上下に動かしてあげましょう。鳥を捕らえるときのように、伸び上がって猫は大興奮します。

レザー猫じゃらし
鈴レザー

③ けりぐるみ

猫はウサギなども待ち伏せし、飛びかかり、のどに噛みついて倒す習性があります。そんな動きができるものとして、けりぐるみが獲物代わりになります。

けりぐるみ
タフレザー
最強のエビ

写真の商品は、本書監修の茂木千恵先生、荒川真希先生とペティオが共同開発したおもちゃ。猫がにおいに引かれる革を素材に使うなどの工夫もされています。
ペティオお客様相談室　0120-133-035
https://www.petio.com/

遊び

考えておやつを得られる知育玩具も活用しよう

人間の子ども用には、知能や手指の発達などに役立つとされる知育玩具がいろいろあります。同じように猫のための知育玩具もあり、遊びながら頭を使うことができます。中におやつを入れておき、前足で転がしたり、フタをずらしたりすることでおやつを得られるといったおもちゃです。猫は前足を使う動きが得意。かなり器用に操作できます。

留守番の際のひまつぶしにも、知育玩具が役立ちます。また、飼い主さんが遊べないときでも、知育玩具に夢中になっていれば、いたずら予防にもなります。フードを入れて、食べるのに時間がかかるようにすれば、ダイエットにも。

猫が楽しめる知育玩具がいくつかあると便利です。

遊び

猫の遊びたいサインを知っておこう

まったりくつろいでいるときに、飼い主さんが遊ぼうと誘うのは、猫にとっては迷惑なもの。「うるさいなぁ、静かに休ませてよ」と思っているかもしれません。

遊びに誘うのは、猫が活発になる明け方や夕方の時間帯がベストです。

遊びたいというときには、猫から何らかのサインを送ってきます。おなかはすいていないはずなのに、頭や体をスリスリしてきたり、あおむけになっておなかを見せたり、そんな様子が見られたら、遊んでほしいというサイン。その誘いを逃さず遊んであげ、猫からの愛情や信頼を高めましょう。

column

多頭飼いの場合は1匹ずつ遊びの時間を

多頭飼いの場合、他の猫とともに飼い主さんと遊んだり、同じおもちゃでいっしょに遊ぶことは通常ありません。猫の習性として譲り合ってしまうのです（p.136参照）。控えめな猫だと、他の猫にガツガツいかれると、遊びたいのに遊べないという葛藤が生じます。そんな猫とは、別の部屋で1対1で遊んであげましょう。

相手ができないときは ひとり遊び用のおもちゃを

猫が遊びに誘ってきても、飼い主さんは手が離せなかったり、外出前でバタバタしていたりで、相手をしてあげられないときもあるものです。

5分でも遊べるのであれば、少しでいいのでおもちゃを動かすなどして、相手をしてあげたいもの。どうしても遊べないのであれば、猫が1匹で安全に遊べるおもちゃを与えましょう。猫がうっかり飲み込んだりする危険がないものを、ひとり遊び用のおもちゃとして用意しておくと、相手をしてあげられないときに役立ちます。

また、とっておきのおもちゃは、ふだんから出しっぱなしにしておかないようにします。猫は常に遊べるおもちゃには興味を示さなくなることがあります。いざというときのためにしまっておくと、特別な機会やいざというときに効果を発揮します。

遊び

おもちゃはバリエーションがあるほうが刺激に

同じおもちゃばかりだと、猫も飽きてしまいます。バリエーションを増やしておくといいでしょう。

たとえば同じ猫じゃらしといっても、ひもがついた釣り竿タイプもあれば、しなるスティックや針金タイプなどさまざま。先についているものも、小さなぬいぐるみやボール、羽根やリボンなど多彩です。何種類か常備しておき、ローテーションで遊んであげると、猫もいろんな獲物を狩る気分でいい刺激になります。

また、年齢によっても興味を持つものは違ってきます。たとえば、子猫の時期はボールを投げると夢中で追いかけていたのに、年齢が進むと反応しなくなることもあります。昔はお気に入りだったおもちゃに見向きもしなくなることも。猫の反応を見ながら、年齢に合わせておもちゃも替えてあげましょう。

お気に入りのぬいぐるみはにおいをキープして

小さいころからずっと同じぬいぐるみを気に入っているという猫もいます。この場合、お気に入りのぬいぐるみは遊びの対象というよりも、仲間として愛着を抱いているのです。

猫は自分のにおいがついているものには安心するという習性があります。仲の良い猫同士がにおいをつけ合ったり、飼い主さんにすりすりしてにおいをつけようとするのも、そんな理由からなのです。

ずっといっしょのぬいぐるみには自分のにおいがついているので、安心の対象なのです。飼い主さんは衛生面が気になって、洗濯したり消臭除菌スプレーを吹きかけたいと思うかもしれませんが、猫にとってはせっかくにおいがしみ込んだ安心対象を失う行為です。できれば、多少の汚れには目をつぶってあげてください。

遊び

テレビを見る猫は欲求不満にならないフォローを

「うちの子、よくテレビを見るんです」という飼い主さんもいます。実際、テレビの画面内で動いている動物やサッカーボール、気象予報士の指し棒などに反応する猫もいて、楽しそうに遊んでいるようにも見えます。

興味を持って見ているだけならいいのですが、動いている対象を捕まえようとして画面を前足でたたいたりするなら、興奮状態になっているかもしれません。とはいえ、いくら必死になっても、もちろん画面上のものは捕まえることはできません。獲物の捕獲ができないことによって、欲求不満になってしまうことも。そんな様子が見られたら、猫じゃらしなどを使って「捕まえた」という達成感を得させ、満足できるようにしてあげましょう（p.141参照）。

column

猫の飼い主さんにもいいこと

猫はなでられて気持ちよくなると、ゴロゴロと喉を鳴らしますよね。このゴロゴロ音は、聞く人の**副交感神経を優位にさせ、ストレス解消や免疫力アップの効果がある**といわれています。また、「幸せホルモン」と呼ばれるセロトニンを分泌させるのです。

そんなことも影響しているのでしょうか。猫の飼い主さんは、猫を飼ったことがない人と比べると、**脳梗塞や心臓発作を起こす確率が**低いという研究結果があります。

猫を飼育していると**認知症の進行がゆるやかになる**という研究も。かわいいと思う心や、お世話をする意欲や責任感、生活や気持ちのハリがいい効果をもたらすのかもしれません。

また、猫を含めたペットを継続的に飼っている家庭の子どもは、**動物アレルギーを起こす可能性が低くなる**ともいわれます。

猫と暮らすことは、飼い主さんにもこんなにいい効果をもたらしてくれるのですね。

猫と暮らすことで、飼い主さんの心身にいい影響が見られます。

4
章

猫の暮らしにいいこと

部屋づくり、生活リズム、グッズ、お出かけ・留守番など
猫の毎日を豊かにする情報を集めた章です。
脱走をしたときや災害の際になど、いざというときの対応も。

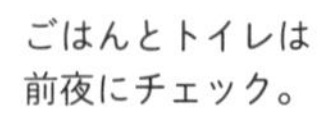

ごはんとトイレは前夜にチェック。

生活リズム

「猫時間」に合わせすぎなくてOK

休日は遅い時間まで寝ていたい。でも、猫の朝ごはんが心配……。そんな飼い主さんもいるかもしれません。

猫の暮らしに寄り添う飼い方は大切ですが、眠くて飼い主さんがイライラしてしまうと猫に悪影響です。猫はある程度飼い主さんの生活リズムに合わせることができるので（左ページ参照）、多少の時間のずれを心配する必要はありません。

とはいえ、休日の朝にゆっくり寝たいなら、朝ごはんは自動給餌器を設定しておく、寝る前に猫トイレのそうじをしておくなど、前夜に対策を。それでも猫が早朝からかまってほしがる場合は、自動給餌器の時間の設定などが猫の要求に合っていない可能性もあるので見直してみて。

前夜しっかり遊んであげると、猫も早朝から起きてこなくなることがあります。

生活リズム

猫の暮らしのリズムが乱れすぎないように

猫は長く人間のそばで暮らしてきた動物。猫本来の習性は明け方や夕方に活動的になる「薄明薄暮性」ですが、人間の生活リズムにある程度は合わせられます。

猫の活動する時間について調べたアメリカでの実験によると、猫の活動性の高さは朝と夕方に集中していたそうです。これは、朝は飼い主さんが起きて、朝ごはんをあげて、という動きに合わせていて、夕方は、時間の幅はあるものの、飼い主さんの帰宅や夕ごはんに合わせていると考えられます。

また、その実験では、週末の朝、猫の活動ピークがやや遅めになっていたそうで、飼い主さんの朝寝坊に合わせていると考えられます。

これらから、猫が人間の生活時間に合わせられるということがわかりますが、あまりに時間が乱れると、ルーティンを好む性質の猫にはストレスになります。できるだけ猫時間に寄り添う気持ちを持っていることが大事です。

季節別

猫の暮らしの注意ポイント

室内で飼われている猫とはいえ、季節の影響を受けます。春夏秋冬、それぞれ気をつけたい点を知っておきましょう。

春

□換毛期で毛が抜けやすい時期です。短毛の猫でもブラッシングは必要です。

□毛が抜けるので、飲み込む毛の量も増えます。毛球症(もうきゅうしょう)(p.59)に注意しましょう。

□避妊手術をしていないメスは発情期に入ります。オスとの接触に注意が必要です。

□5月以降はノミ、ダニ、フィラリア（寄生虫）を媒介する蚊が活発になる時期。室内飼いでも予防対策を行いましょう。

夏

□食べ物や水が腐りやすい時期です。特に水分の多いウェットフードには注意を。フードの袋も湿気の多いところには置かないようにします。

□ノミ、マダニなどが引き起こす人獣共通感染症（人間にも猫にも感染する病気）にも注意。

□夏バテによる食欲低下を防ぐために、室温管理や食欲増進のための工夫を。

□室内にいても熱中症は起こります。部屋の温度と湿度に注意しましょう。

秋

□夏の疲れと季節の変わり目で免疫力が下がりがち。**感染症に注意**しましょう。

□涼しくなると食欲が増加して太りやすくなります。**体重管理をしっかり行います。**

□春同様、換毛期です。丁寧でこまめなブラッシングを心がけ、毛球症に気をつけましょう。

冬

□空気が乾燥し、ウイルスが増殖する時期。飼い主さんがウイルスを持ち込まないよう注意。**ワクチン接種も忘れずに。**

□寒さから飲水量が減りがちです。泌尿器疾患を発症しやすくなるので、**暖かい部屋に水飲み場を複数つくる**など、工夫をしましょう。

□コタツやホットカーペットによる**低温やけども起こりやすくなります。**長時間使用の場合は猫の皮膚に注意を。

□クリスマスや年末年始で、来客による**人の行き来が多くなるとストレスを感じる猫**もいます。猫の様子をよく観察しておきましょう。玄関の開け閉めによる脱走の危険も増えます。

□クリスマスによく出回る**ポインセチアやシクラメン**は、猫にとって有害。飾る場合は置き場所に注意を。

ベッド、トイレ、隠れ家をまずは用意する

「猫にいい暮らし」とは何でしょう？　居心地がよく安心できる環境であることです。そのために、まずは静かで快適なベッド（寝場所）、清潔なトイレ、身を隠せる安心な隠れ家がそろっていることが大切です。

隠れ家は寝場所と別で、来客や音などに驚いたときに体を隠せる場所のことです。入り口の狭いハウスや箱などを用意しておくといいでしょう。ふだん使っていない部屋があれば、そこを猫の隠れ部屋にしてもOK。ベッドの下や家具のすき間なども隠れ場所になりますが、いざというときに猫を連れ出せないといったことがないよう気をつけて。

一方、寝場所は身の危険を感じずに安眠できる場所で、高いところや日当たりのよい場所などが好まれます。

隠れるの大好き

猫はきれい好きなので、清潔なトイレも不可欠です。猫が排泄したらすぐに掃除するのが理想ですが、むずかしい場合は、汚れたトイレを使わなくてすむように複数設置するなどの工夫を。

猫がおもちゃで遊んだり、走り回れるようなスペースを確保しておくのも大事です。

また、猫の脱走防止のため、出入り口にも注意を。玄関にゲートをつける、猫が出られる窓がないかのチェックなども必要です。

部屋づくり

部屋全体を見渡せる高い場所や段差の確保も

猫は狭いところ以外に、部屋全体を見渡せる高い場所も好みます。床で遊ぶだけでなく、上下運動も楽しめるよう、登れる場所も用意してあげたいものです。いろいろなキャットタワーやキャットウォークがありますが、部屋によっては設置がむずかしいこともあるでしょう。

その場合は、高さの異なる家具を並べて段差をつくり、猫が自由に上ったり下りたりできるようにしましょう。猫が走って上下しても家具が転倒したり、動いてしまわないように、しっかりしたものにするか、壁や床に固定しておくと安心です。

いちばん高いところに、猫が好むベッドや毛布、座布団などを敷いて、そこでも寝られるようにしておくとベター。落ち着いて寝ることができ、猫のお気に入りの寝場所になるはずです。

エアコンは除湿機能を使い、27～28度の設定に

基本的に猫が快適だと思う温度は23～28度くらいだといわれます。ただし、人間でも快適な温度は人それぞれであるように、猫にもそれぞれの好みがあります。猫の様子をよく見てみましょう。

温度よりも注意したいのが湿度です。高温多湿の日本の夏は猫には厳しいもの。熱中症にならないために、エアコンの除湿機能を使い、**湿度50～60％の設定に。**

猫がエアコンの風から逃げられる場所もつくっておきましょう。部屋から出られるようにしておいてもOKです。風を通すために窓を開けるときは、猫が出られないようになっているか、必ず確認を。

column 猫は汗腺が少なく、体温調整が苦手

体温調整を担う「エクリン汗腺」が、人間はほぼ全身にあり、暑くなるとそこから汗を出して体を冷やします。猫にはエクリン汗腺が肉球と鼻の頭にしかないので、汗で放熱できません。暑さが致命傷になることもあるので、室温管理はしっかりと。

部屋づくり

蛍光灯やLEDを いやがっていないかチェック

蛍光灯やLEDは、仕組みは違えど、人間の目に見えないような高速点滅によって光を発生しています。

猫は人間よりも何倍も動体視力が優れているので、なかにはこの**電気の点滅を感じとってしまい、わずらわしく感じる猫もいます。**外で生活していた猫を保護して飼うようになったらリビングに入ってこない、夜になって明かりをつけると部屋から出ていくといった場合、その原因が、猫にとってチカチカ見える蛍光灯やLEDという可能性も。

対して、**白熱灯はこういった点滅がないため猫の目にもやさしい**といえるでしょう。ただし、白熱灯は熱を発生させるため、猫がさわってしまうと危険です。間接照明などに使う場合は、倒れたり落ちたりしないよう注意を。

部屋づくり

猫の目にラクなやわらかな色の壁紙に

猫の目には人間と同じように色彩を識別できる「錐体細胞」がありますが、細胞の数は人間の10分の1くらいといわれ、はっきりと色を識別できていない可能性が高いです。特に赤色が、他の色との見分けができないと考えられます。ただ、人間よりも「桿体細胞」（光を感じる細胞）は多いので、わずかな光で動くものをとらえることができるのです。

薄暗い光で動きを正確に検出する猫の目の特性を考えると、明るすぎるのはストレスになり、最も快適な明るさは窓から入る自然光です。

壁紙も猫の目に快適な色や明るさにしてあげたいもの。白すぎない明るめのナチュラルカラーや、やわらかな黄色、紫色などリラックスを誘う色がおすすめ。コントラストの強い柄物などは交感神経を活発にして興奮しやすくなってしまうので避けましょう。

部屋づくり

空気清浄機は静音性の高いものを使う

猫の抜け毛やフケは飼い主さんの悩みのタネのひとつ。その対策として空気清浄機を使っている家庭は多いでしょう。部屋や空気がきれいになることは、猫にもいいことです。近年、花粉症の猫も増えているので、花粉除去機能があるといいかもしれません。

ただ、耳のいい猫の中には、空気清浄機の稼働音にストレスを感じてしまう場合も。購入する際には、**静音性の高いものを選ぶ**といいでしょう。

家に迎えたときから空気清浄機を使い、音や存在に慣らしていくことも有効です。

食器、トイレ、ベッドは2メートル以上離して

間取りや広さは家によってさまざま。でも、どんな間取りであっても、**猫が隠れられるスペースと、部屋を見渡せる高い場所は確保してあげてください**（p.156～157）。この2カ所を前提に、部屋のレイアウトを組みましょう。

ワンルーム

最低限、排泄場所と食事場所、寝る場所は2メートル以上離しましょう。テレビやドアの横など、ガヤガヤしたところや、人間の動線上には食器やトイレを置かないこと。

また、猫の運動には上下に移動できることが重要ですが、おもちゃで遊んだり、ダダッと短距離ダッシュできる程度のスペースは必要です。**部屋の中央には家具を置かず、猫スペースを確保する**といいでしょう。

column 食器は壁の前に置かないで

多くの家庭でしてしまっていますが、食器を壁の前に置くのはNG。食事中に無防備な背中を相手に見せる体勢になるので、実は猫はあまり好みません。壁を背にする位置か、なるべく部屋が見渡せる場所に、食器を置いてあげるといいでしょう。

部屋が複数の家

基本はワンルームと同様ですが、**トイレや食器は、猫がいつもいる部屋、別の部屋の両方に設置してあげる**とベターです。このタイプの家だと飼い主さんの家族がいる

ケースが多いと思います。猫グッズの設置は、家族みんなの騒音や動線を踏まえて。

2階建ての一軒家

基本は部屋が複数の家と同様です。部屋が多く階段がある分、トイレや食器は猫の行きづらい場所に置かないように気をつけましょう。爪とぎも猫の目にとまりやすい場所に設置を（p.198参照）。

猫の動線に合わせて水飲み場を複数設置しておくと、飲水量を増やしやすくなります。猫が階段を上るなら、上階にも用意しておきましょう。

部屋づくり

高齢になっても登れる場所をつくっておく

シニアになっても高いところに行きたい！
ステップやスロープで上れる工夫を。

年齢に応じて猫の生活スタイルも変化していきます。子猫のころはまだ上下運動がうまくできないので、床で遊べるスペースが重要です。成猫は高いところに居場所を確保することが必要になります。
　シニアになって運動能力が衰えても、高いところに登りたいという本能は残っています。今までよりも低い位置でかまわないので、ステップやスロープをつけてあげるなどして、上りやすくしてあげるといいでしょう。

介護猫との接し方

猫が年をとったり、病気になったりして介護が必要になることもあります。飼い主さんの目が行き届くように、猫のベッドを移動させたいこともあるでしょう。

猫がいやがったりストレスを感じていなければ、ベッドを移動してもOKです。しかし、移した先が人の出入りが多い場所や他の猫のそば、音が気になるテレビや窓などの近くだと、猫は安心して寝ることができません。ベッドを移す先としてそういった場所しか確保できない場合は、場所は変えず、飼い主さんのほうが移動して猫の様子を見に行くようにしましょう。

食事や排泄も、猫がしたがるならばできるだけ自分でさせるほうが運動機能の維持につながり、また、猫のモチベーションも上がります。トイレは段差を低くする、スロープをつける、食事は内容やかたさを変えて猫が自分で食べられるようにするなど、高齢猫に合わせた暮らしの工夫をしていきましょう。

シニアになっても できるだけ 猫自身に行動させる

部屋づくり

猫に有害な観葉植物は飾らない

猫のいる部屋のインテリアで特に注意したいのが観葉植物。**植物の種類によっては、猫が花粉をなめたり、いけてある水をなめただけで中毒症状を起こすこともあります。**

植物を飾りたい場合は、毒性のないものにする、植物に近寄れないようにする、猫が入れない部屋に飾る、などの工夫をしましょう。

またアロマオイルやエッセンシャルオイルにも注意が必要です。**オイルに含まれる植物成分が猫に有害だと、中毒症状を引き起こします。**

オイルが皮膚に直接ふれれば急性中毒に、直接ふれなくてもアロマが長時間使われた部屋に猫がずっといて、大量に体内に取り込まれた場合には慢性中毒になる危険もあります。どれだけ摂取したら中毒になるかは猫や物質によって差がありますが、危険なことに変わりはありません。猫が過ごす部屋では使わない配慮をしてください。

猫に有害な植物

ユリ科の植物

猫には猛毒で、花瓶の水をなめただけでも急性腎障害を起こす可能性があります。花弁、花粉、葉、茎、根のどれもが毒になります。

<代表的なもの>
ユリ、テッポウユリ、ヤマユリ、ヒメユリ、チューリップ　など

サトイモ科の植物

葉や根っこにシュウ酸カルシウムが結晶の状態で多く含まれ、猫が食べると口内に炎症が起きたり、嘔吐したりします。

<代表的なもの>
サトイモ、アンスリウム、カラー、ポトス、モンステラ　など

多肉植物

アロエの皮や葉に含まれる成分で下痢や腎炎を起こす可能性が。また、サボテンのようにとげがあると、ふれたり食べたりして口まわりや口内を傷つけることもあります。

その他の植物

彼岸花、アサガオ、アジサイ、菊、パンジー、ツツジ科の植物、ナス科の植物、ドラセナ（幸福の木）などは、口にすると体調をくずす可能性があるので、注意が必要です。

事故の原因をあらかじめ取り除いておく

猫は思わぬところに入り込んだり、好奇心からいろいろなものに手を出したりして、室内でも多くの事故が起きています。よくある事故としては、以下のようなものがあります。**いずれもあらかじめの対策で、事故が起きないようにすることが大切**です。

誤飲・誤食

誤飲に多いのは、ヒモや輪ゴム、ビニールの破片、ティッシュ、たばこの吸い殻などを噛んで遊んでいて、飲み込んでしまうケース。下痢や嘔吐などの症状がなくても、**飲み込んだ可能性があったら動物病院に相談すると安心です。**

また、アクセサリーや縫い針などとがったものを飲み込んでしまう事故もあります。**時間が経つと胃に刺さる危険もあるので**、すぐに受診を。

テーブル上の焼きとりをくわえて飛び降り、串が刺さったというケースもあるので、食べ残しの放置にも注意。

浴槽でおぼれる

飼い主さんの留守中、お風呂場に入って浴槽でおぼれることがあります。**お湯は抜いておくほうが安全**です。

キッチンでの事故

ガスコンロのスイッチを押して火を出してしまったり、コンロに置いてあった熱湯や油でやけどしてしまうことも。**コンロにはのれないようにするか、コンロカバーを使うなどの工夫が必要**です。

鋭利なものによるケガ

包丁やハサミ、カッターな

ど鋭利なものが落下し、ちょうど下にいた猫に当たったり、テーブルにのった猫がハサミをいじって足にケガをするなどの事故もあります。

洗濯機内への閉じ込め

狭くて落ち着くと、洗濯槽の中が好きな猫は少なくありません。飼い主さんが気づかずに洗濯機を稼働させてしまい、**猫がおぼれてしまう**という悲しい事故もあります。

ネイルなどの成分吸引

ネイル、除光液、油性マーカー、修正ペンなどには有機溶剤が含まれ、これらの揮発成分が混ざった空気を吸うのは猫の体によくありません。猫は嗅覚が鋭いので、においで具合を悪くする場合も。**これらを使うときは、部屋の換気をしっかりするか、猫のいない部屋で行いましょう。**

押し入れの事故

押し入れやクロークに入り込んで、**荷物に挟まって出られなくなったり、荷くずれを起こして巻き込まれるケース**も。猫が入り込むと危険な場所は、飼い主さんの留守中は必ずロックを。

部屋づくり

ベランダに出す必要はない

外には出せない代わりに、猫をベランダに出して、お外気分を楽しませてあげようとする飼い主さんもいます。

でも、外を眺めて警戒心が高まるタイプの猫にはやめておきましょう。なわばりに他の動物が入ってきたり、それを見ても捕まえられないことがストレスになる場合も(p.110参照)。**室内で満足しているいる様子なら、わざわざベランダに出す必要はありません。**

ベランダに出すなら、もちろん脱走防止を厳重に。落下事故もあるので、すき間には要注意です。また、**猫がいつでも自分の意思で室内に戻れるようにしておくことも大切。**ベランダは直射日光が当たって熱くなったり、急な雨で濡れたりしがちな場所です。すぐに室内に避難できるようにしておきましょう。

部屋づくり

食卓の上には猫をのせない

猫が食卓にのるのはやめさせたほうがいいでしょう。室内飼いでも猫の足裏にはさまざまな汚れがついています。それが料理や食器に付着して、感染症の原因になる懸念があります。また、人間の食べ物をほしがるようになることも。

一度でも許してしまうと次ものりたがるので、猫を迎えた当初から食卓にはのらせない対策をとりましょう。**のったらすぐに降ろすというルールを徹底しておく**こと。

飛びのりそうな箇所に粘着テープやアルミホイルなどを貼っておくと、ベタベタ、カサカサする感触がいやで避けるようになります。テーブルにのったらミントや酢のスプレー、うちわの風などで驚かせ、**「テーブルにのったらいやなことが起こる」と認識させる対策**が有効です。飼い主さんの食事中には猫がひとり遊びできるおもちゃを与え、食卓から注意をそらしても。

部屋づくり

性格や相性が合わない猫同士は部屋を分ける

部屋を分ければ、子猫はのびのびと遊べ、シニア猫はゆったりくつろげる。

パワフルな子猫が、のんびり暮らしたいシニア猫のストレスになってしまうケースがよくあります。その場合は部屋を分けたほうがよく、もし部屋の余裕がなければ、**シニア猫が避難できる場所の確保を**。ほかにも同居猫と相性が悪い場合は部屋を分け、また、他の猫にいじめられている猫がいたら、別の部屋に避難させてあげましょう。

先住猫がいる場合、新しい猫を迎えるなら、異性の子猫のほうがうまくいくようです。**オス同士は互いに攻撃的になりやすいので、メス同士か、オスメスの組み合わせのほうが無難です**。

また、ペルシャ、メインクーン、ラグドール、バーマンなど、順応性が高くおだやかな猫種は、他の猫を受け入れやすいといいます。

部屋づくり

小動物や鳥は猫と飼育スペースを分ける

小動物や鳥は、猫にとっては「獲物」です。どんなにおだやかな猫でも、目の前をちょこちょこされたり、ケージの中でごそごそしていたら、気になってちょっかいを出してしまう可能性があります。

猫にとっては軽いちょっかい程度かもしれませんが、相手は生死がかかっている場合も。小動物は不安にさらされた生活を余儀なくされます。

できれば**猫の入れない部屋で飼うほうが安心**でしょう。

猫と小動物を遊ばせるという家庭もありますが、**いつ何どき、どんなきっかけで猫の狩猟本能が目覚めるのかわかりません**。15年も仲良く暮らしていたのに、猫が同居の鳥を襲ってしまったケースもあります。

それでもふれあわせたいなら、細心の注意を。

掃除を毎日のルーティンに組み込んでいく

猫毛やトイレ砂の掃除のために、毎日、掃除機を使いたい飼い主さんは多いでしょう。でも、掃除機は猫の大敵。掃除のたびに猫がおびえたり、威嚇してきたりで悩んでいるという飼い主さんもいるのではないでしょうか。

まずは、子猫が家に来た当初から、掃除機に慣れる練習をしておくことが大切です。

また、掃除機をかけるという行為が「いつものこと」だと思えるように、毎日同じ時間に同じ手順でかけることもポイント。猫の一日のルーティンの中に組み込んでしまえば、過剰にいやがられなくてすみます。

そして、掃除のたびに掃除機を出すのではなく、猫のいる部屋にふだんからさりげなく置いておくのもポイント。「いつもあるもの」と認識してもらえれば、猫の警戒心も薄まっていきます。

掃除機に慣らす手順

※それぞれの手順のあとにおやつが食べられるようになったら、次のステップへ進む。

❶ 部屋にただ置いておく。

⇩

❷ 置いてある掃除機のそばにいられる。

⇩

❸ 猫から遠い部屋で、ほんの少しだけ掃除機の音を出す。

⇩

❹ 猫から遠い部屋で、掃除機の音を出す時間を少しずつ長くしていく。

⇩

❺ 猫のいる部屋の隣で、掃除機の音を少しだけ出す。

⇩

❻ 猫のいる部屋の隣で、掃除機の音を出す時間を少しずつ長くしていく。

⇩

❼ 猫のいる部屋で、ほんの少しだけ掃除機の音を出す。

⇩

❽ 猫のいる部屋で、掃除機の音を出す時間を少しずつ長くしていく。

※手順❸〜❽は、掃除機の音を出す人と、おやつをあげる人の２人組で行うとベター。

部屋づくり

猫の立入禁止の部屋をつくっておく

家の中で、**猫が入れない部屋をつくっておくと、猫にふられたくないもの、危険なものなどの置き場所になり便利です。猫が攻撃的になったとき、飼い主さんが避難する場所にもなります。**家に迎えた当初から入れないようにすると、猫もそこは自分のなわばりとは見なさず、入りたがることはありません。

猫がすべての部屋に自由に出入りしているけれど、入ってほしくない部屋をあとからつくりたい場合もあるでしょう。その場合は、**部屋に近づくといやなことが起きると猫が認識することが必要**です。

たとえば、ドアのまわりに猫の嫌いな柑橘類やミントなどのスプレーを吹きかけておく。ドアにふれると小銭などが落ちて猫のいやがる金属音がする、空気が噴射されるなどの仕掛けをつくる。ベタベタな感触をいやがるので、ドアの猫がさわる箇所に両面テープを貼っておく……。いずれも危険がないか、初回は遠くから見ておきましょう。

猫に嫌われないよう、それらをしているのが飼い主さんだと気づかれないように行うのがポイントです。

道具・グッズ

ケージを準備するなら高さのあるものを

室内に猫用スペースがあるなら、ケージは必須なものではありません。とはいえ、あれば**猫のくつろげる空間になる、留守番時の危険な行動や脱走を防げる、災害時のシェルターになる**など、いろいろなメリットはあります。猫がケンカしている場合、片方の猫の隔離や避難の場所にもできます。

成猫用のケージは、**上下運動ができるように、2段・3段と高さのあるものがいいでしょう**。木製はナチュラルでいいのですが、糞尿や水などがしみ込みやすいので、**スチール製やプラスチック製のほうがお手入れがラクです**。スチール製は扉の開閉時に、ガチャンと金属音が鳴りやすい点には注意しましょう。

ケージの下段にトイレや爪とぎ、中段に食器、上段にベッドを置くのが基本。

道具・グッズ

爪とぎは垂直型で大きめのものを用意する

爪とぎは猫にとって重要な行為のため、禁止することはできません。適した爪とぎを用意しておけば、壁や家具での爪とぎを減らせます。

さまざまな形状・材質がありますが、野生時代の猫が木で爪とぎをしていたことを考えると、**垂直タイプが好まれます。爪が縦に入り、引っかかりのある材質で、猫が立ち上がってとげる大きめのものがベストです。**とぐときにグラついたり倒れたりしない、安定性もチェックを。

爪とぎはマーキングの意味合いもあり、自分のにおいがつくと猫は安心します。寝場所のそばや通路の目立つところなど、猫の動線に合わせ、複数設置しておきましょう（p.198参照）。

道具・グッズ

食器には陶器、ガラス、ステンレスなどの素材を

猫の食器として、プラスチック製は安価で割れにくいのがメリットですが、傷がつきやすいというデメリットもあります。**器の傷に汚れが入って細菌が繁殖しやすくなり**、それが猫のあご下にできるニキビ（痤瘡）の原因になる場合も。すると、食事のたびにニキビが細菌にふれてなかなか治らないという、悪循環に陥りがちです。

食器は、**傷がつきにくい陶器製、ガラス製、ステンレス製がおすすめです。**プラスチック製を使うなら、こまめに買い替えるようにしましょう。ステンレスの食器は光が反射するので苦手という猫もいるので、最初に使った際にいやそうにしていたら、陶器製やガラス製を試してみて。

食器の大きさや数のことは
p.37 を見てニャ

道具・グッズ

首輪には必ず迷子札をつけておく

猫の首輪は飼い猫である印になります。猫と飼い主さんの名前、連絡先を書いた**迷子札をつけておきましょう**。猫が逃げ出したとき、見つかる確率がぐんと増えます。

首輪で猫の首が絞まる事故もあるので、一定以上の力が加わると外れる**セーフティバックルの首輪が安全**です。

あまりゆるすぎる首輪だと、猫が体をかいたときなどに足がすき間に入って引っかかるなどの事故になりかねません。首輪と首の間に人間の指が1〜2本入る程度のゆるさを目安にしましょう。

column

首輪の鈴は猫にストレス？

子猫のときから慣れていると気にしない猫もいますが、首輪に鈴がついていると、音が気になる猫もいます。鈴つきの首輪をつけるなら、いやがっていないか最初のころは様子をよく見てあげましょう。

道具・グッズ

洋服を着せたときは目を離さないこと

慣れていない猫に洋服を着せると、違和感から暴れたり、パニックになる子もいます。また、布が体を覆ってグルーミングの邪魔になるため、ストレスを感じる場合も。高いところに登ったときに洋服が引っかかって、宙づりや窒息という事故もあります。もし**洋服を着せるなら、飼い主さんがそばにいるとき限定**にしましょう。

ただ、手術後に傷を保護するために着せたり、毛のない猫に保温や紫外線防止を兼ねて着せたりと、衣類にメリットがある場合もあります。

自分のにおいがついたものをキャリーに入れておくと、より安心して過ごせます。

お出かけ

出入り口が上にもある キャリーケースを選ぶ

猫を入れるバッグにはさまざまな形や材質があります。**便利で安全なのが、硬めの素材で自立するタイプのキャリーケースです。**動物病院に行く、実家に帰省するなど、猫と外出するときに活用しましょう。トビラを開けたまま室内に置いておき、猫の隠れ家やハウスとしても使えます。

　プラスチック製だと汚れや水にも強く、持ち運ぶときにも軽くて便利です。

　おすすめなのは、**出入り口が上と横についているタイプ。**横しか出入り口がないと、猫が奥に逃げてしまうと捕まえにくくなります。上にも出入り口があれば様子が見やすく、猫が病院でこわがって出てこないときも、猫を安心テリトリーであるキャリーから引っぱり出さず、診察できる場合もあります。

お出かけ

キャリーケースを外出・通院イメージにしない

慣れていないと、キャリーケースに入りたがらない猫もいます。キャリーケースはふだんから猫の過ごす場所に置いておき、寝場所のひとつとして活用すると、警戒しなくなるでしょう。子猫のころから慣らしておくとラクです。

ふだんはしまっていて、使う際だけ取り出すと、猫が警戒します。キャリーケースを見ると病院に行くのかと思い、隠れてしまうといったことも。飼い主さんが外出じたくをしてからキャリーケースを出すと、外出道具としての特別感がかもし出され、これまた猫の警戒心をあおってしまいます。**キャリーケースはふだんから出しておくか、外出じたく前にさりげなくセットしておくかして、外出・通院イメージを定着させないこと。**

キャリーケースに誘導する際には、とっておきのおやつやおもちゃを使いましょう。ケースに入ってからや、通院や外出の帰宅後も、**キャリーケースの中でおやつをあげて、「キャリーケース＝楽しい、おいしい」と、いい記憶で上書きすることを繰り返す**ことがポイントです。

また、キャリーケースに慣れておけば、災害時に猫連れで避難しやすくなります。

お出かけ

車内ではキャリーケースに目隠しをかぶせておく

猫を車に乗せるときもキャリーケースを使います。**外が見えないように、キャリーケースごとタオルや毛布で目隠しをするといいでしょう。**

自分のテリトリーである家から離れることや、目まぐるしく変わる景色などに不安を覚える猫が多いからです。興奮してしまう猫も、外が見えないほうが落ち着きやすくなります。やさしく声をかけて、落ち着かせてあげましょう。

そのまま座席に置くだけでは揺れるので、**シートベルトで固定する、または助手席や後部座席の足元など安定した場所に置きます。**

移動時に洗濯ネットに猫を入れる方法も目にしますが、ネットは網目に爪が引っかかって大変です。網のすき間から外も見えて不安ですし、おすすめしません。

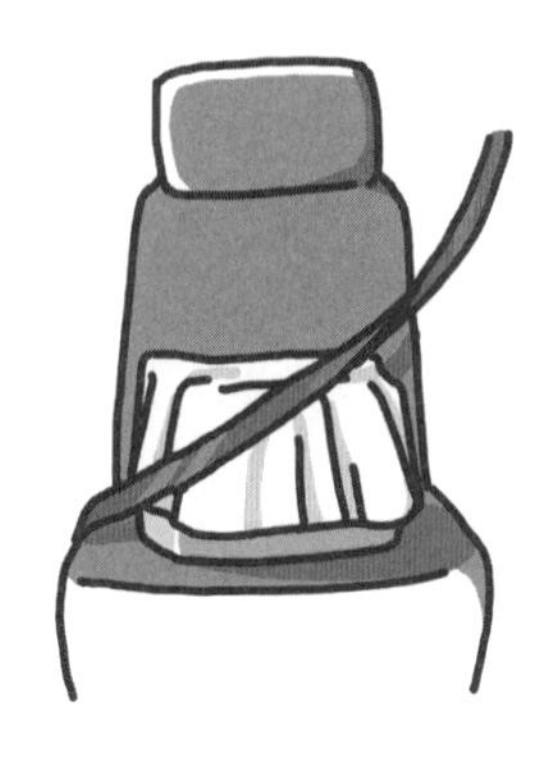

タオルや毛布で覆ったキャリーケースをグラグラしないように置きます。

お出かけ

車酔いには冷凍したおやつの活用を

車での移動の際、つきものなのが車酔い。人間と同じで、猫も車酔いする子としない子がいます。不安が大きいと、症状がひどくなりがちです。

子猫のころから車移動に慣れさせておくと、だいぶラクになります。しかし、体質による車酔いは、慣らしたからといってしなくなるわけではありません。引っ越しなどで長時間乗車しなければいけない事情があるならば、**事前に獣医師に相談して酔い止めをもらっておく**手もあります。

興奮や恐怖からずっと鳴き続けてしまうならば、**おやつを冷凍して、長時間なめかじりさせておく方法**もあります。口の中に物が入っているとオキシトシン（幸せホルモン）が出るという犬の研究があり、猫も同様と考えられているからです。車のエンジンをかける前から食べさせていれば、猫が気づかないうちに出発することもできます。

冷凍したおやつを事前に用意しておきましょう。

留守番

飼い主さんは外出前に室内事故の予防対策を

危険なものは片づけて！

猫を留守番させるときに**大事なのは、危険なものを排除すること**です。

室内で多い事故はp.168〜169で紹介していますが、飼い主さんの留守中に起きると猫の命に関わる危険があります。

特に注意したいのは、猫がガスコンロにのって、スイッチを入れてしまう事故。コンロにのらないようにするのがいちばんですが、のってしまう場合は、**出火やガス漏れを防ぐために、外出時にはガスの元栓を閉めておきましょう。**

水をためていた浴槽でおぼれる、窓のすき間から脱走するというのも、留守時に多い事故です。**猫は頭が入る幅があれば、スルッと全身抜けられます。**窓やお風呂場のドアが少しでも開いていると通れてしまうので、すき間なく閉める、ロックすることを忘れずに。人間用のチャイルドロックもお役立ちです。

また、留守中の誤飲にも注意！ **口に入るサイズのおもちゃや小物は、猫がふれられない場所に片づけておきましょう。**パーツが外れるおもちゃも危険です。ケージをいやがらない猫なら、ケージ内で留守番させるのも手です。

留守番

1泊旅行のときには、フードと水を2日分準備

猫は環境の変化や知らない人に大きな不安を抱きます。1泊旅行なら、預けたりペットシッターさんを頼まなくても、しっかり下準備しておけば留守番可能です。もちろん事故対策もしっかり！

飲み水をいつもよりも多く、複数の場所に置いておきましょう。万一、こぼれてしまっても他の器から飲めます。ごはんは**ドライフードを2日分置いておきます。**ウェットフードはいたんでしまう可能性が高いのでNG。一気に食べてしまうタイプの猫なら、自動給餌器を使い、小出しにフードが出る設定に。

トイレは出かける前に必ずきれいにしておき、また**汚れたトイレを使わなくていいように複数準備しましょう。**

ゴミの誤食もしないよう、外出前に生ゴミや食べ残しの処分も必要。室温・湿度の管理も重要です（p.158参照）。

フード、水は多めに準備を。

ペットカメラは静かなタイプを

留守番中の猫の様子を見るため、ペットカメラを使う飼い主さんもいます。カメラの中には声を聞かせられるタイプもありますが、猫にしてみれば、飼い主さんの姿がないのに声だけ聞こえると、かえって不安になります。また、動いて角度が変わるタイプにも警戒心があおられます。カメラを使うなら、静かで目立たないタイプに。

留守番

飼い主さんのにおいで安心感を与える

猫はにおいに敏感で、自分や仲間のにおいが近くにあると安心する生き物です。飼い猫なら母親代わりの飼い主さんのにおいがあると安心するでしょう。長時間、留守番をさせるなら、**飼い主さんのにおいがついた衣服やタオルを置いておく**と、安心材料のひとつになります。

ただ、分離不安（p.139）のある猫は飼い主さんと自分のにおいを混ぜて安心するため、衣服やタオルに排尿することもあります。また、飼い主さんのにおいから離れたくなくてトイレに行けず、衣類にのったままお漏らししてしまう子も。

留守中に衣服やタオルにおしっこをしていた場合、猫に分離不安がある可能性を考え、獣医師に相談してみるといいでしょう。

留守番

ペットシッターは猫専門の人にお願いする

近年、ペットシッターやペットホテルも増えてきました。動物病院に併設されていたり、病院で紹介してくれたりするホテルもあるので、聞いてみるといいですね。

ペットホテルを自分で探すなら、まず確認すべきは、その**業者が動物取扱責任者として「動物取扱業」の登録申請を行っているか**。登録されているなら、サイトに記載されているはずです。犬と猫の部屋が分かれているかなど、猫ができるだけ快適に過ごせる環境かしっかりチェックを。

猫は環境の変化に弱いので、長期滞在は避けましょう。

ペットシッターなら、**猫専門のキャットシッターにお願いするとベター**。猫に対する知識や経験が豊富なので、より安心です。猫のお世話をしっかりしてくれることはもちろん、猫の写真や動画を飼い主さんに送って安心させてくれるシッターさんも。

鍵を預ける相手なので、**人柄が信頼できるかが大事な点**です。紹介してもらったり、口コミを調べたり、事前の調査をしっかり行いましょう。

引っ越し

猫グッズは最後に片づけ、新居では最初に設置

猫がいる家庭の引っ越しは気をつけたいことがいろいろあります。引っ越し準備中、当日、新居で、それぞれ注意したいことをまとめました。

引っ越し準備中

クローゼットや押し入れ、タンスなどを開け閉めして、段ボール箱に物を詰める作業が続きます。猫が入り込まないよう注意。

気ぜわしくなりますが、そういった飼い主の緊張感は猫に伝わります。猫にはふだんと同じ落ち着いた態度で接することを心がけましょう。

ベッドやトイレ、食器などは最後まで出しておいて、環境の変化を最短に抑えてあげます。猫グッズは新居ですぐ取り出せるようまとめて。

安心できるよりどころになるよう、猫のにおいがついた毛布などを新居に持っていきましょう。おしっこがついたトイレ砂も少し持っていくと、新居でトイレになじみやすくなります。

引っ越し当日

業者が来る前に、ひとつの部屋に食器、トイレ、猫を移動させるためのキャリーケースを置いて、猫を隔離しておきます。その部屋の荷物は先に移動しておき、人が出入りしなくてもすむようにしてお

引っ越し当日は、猫を隔離部屋に移動させます。

き、業者にも猫を隔離していることを伝えます。

　他の部屋の搬出が終わったら、飼い主さんだけ猫の隔離部屋に入って猫をキャリーケースに入れ、猫グッズの搬出を始めます。脱走には十分気をつけましょう。

　猫を入れておく部屋がない場合はペットホテルに預ける方法もありますが、ギリギリになると適したところが見つからない可能性があるので、早めに調べて予約を。

引っ越し後の新居で

荷物や家具の搬入が全部終わり、戸締まりがしっかりされていることを確認したら、猫をキャリーケースから出します。猫がおびえていたら無理に出さず、自分から出てくるのを待ちましょう。

　トイレや食器、ベッドは今までのものを使います。持参したにおいがついたトイレ砂もトイレに入れておきます。

　猫の気持ちを落ち着かせる「フェリウェイ」というフェロモン製剤が市販されていますが、これをあらかじめ新居で猫の居場所となる部屋に噴霧しておくと、不安がやわらぐ可能性があります。

いざというとき

脱走したら おやつを持って まず近所を探す

好奇心旺盛な猫は、外の世界に興味を持つことも。**猫が逃げ出さないよう、戸締まりをしっかりすることがマスト**です。玄関にペットゲートを取りつける、網戸はロックするなど、お迎えする前から対策しておきましょう。猫はジャンプ力があるので、ゲートは高さが必要に。その猫が跳び越えられないものを選びましょう。飼い主さんのあとを追って外に出てしまう猫もいるので、ゲートを開ける際にも気をつけて。

飼い主さんが洗濯物を干すときいっしょにベランダに出てしまい、逃げ出した事例もあります。**ベランダに出る際には猫がついてきていないかチェック**し、危険そうならベランダの柵にネットを張り巡らせるなどの対策を。

いつもはおっとりした猫でも、大きな音がしたショックなどでパニックになり、外に走り出てしまう場合もあるので、気を抜かないで。

猫が逃げてしまったときは

まず近所を探す

逃げ出した猫は、習性として家の近所に隠れていることが多いものです。まずは家の近くから探しましょう。

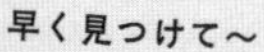

トイレ砂をまく

おしっこのにおいがついたトイレ砂を家のまわりに少しまくと、自分のにおいに安心して、姿を現しやすくなります。

各所へ問い合わせる

近くの交番や警察署、自治体の動物保護センターに、迷子猫を保護したという連絡が来ていないか確認しましょう。

おやつで呼び出す

見つけたとき手を出すと、おびえてまた逃げることも。とっておきのおやつを見せ、猫から近寄ってくるようにします。大声で呼ぶのも、こわがらせるかもしれないのでNGです。

SNSを活用する

Twitter や Facebook、Instagram などで情報を拡散してもらうのも有効。ペットの迷子掲示板のチェックも。猫の特徴がわかりやすい写真を撮っておきましょう。

災害に備えて避難先の確認&猫グッズの用意を

人間用＋猫用の避難グッズと猫を入れたキャリーはかなりの重さに。運べるかどうか事前に確認を。

災害にあったとき、猫連れの避難をどうするかあらかじめ考え、準備しておくことは大切です。まずは、最寄りの避難所はどこか、ペット連れの避難はどうなるのか、自治体や環境省のガイドラインをチェックしましょう。

人間用のものとあわせ、猫用の避難グッズもまとめて、持ち出しやすい玄関先などに置いておくといいでしょう。家族がいる家庭では、誰が猫の連れ出し担当になるかも決めておくこと。

キャリー内でおとなしくしていられるかが、避難所で受け入れてもらえる条件になる可能性があります。日ごろからキャリーに慣らしておくことが必須です（p.183参照）。

避難所で他のペットと同室になる可能性もあるので、ノミ・ダニ対策、避妊・去勢手術を行っておくことは大事です。また、首輪と迷子札は常に装着し、マイクロチップも入れておくと安心です。

避難時に持っていきたい猫用グッズ

- □ **食料・飲料水**
  フードは未開封のものを３日分。ウェットフードは水分補給の助けにも。

- □ **おやつ**
  猫をなだめたり、食欲がないときのために、とっておきのものを。

- □ **食器**
  フード用と水用を。運びやすい軽めのものがラク。

- □ **ハーネス&リード**
  脱走防止にも。

- □ **キャリーやクレート**
  たためるソフトタイプは携帯に便利。避難所では、その中で過ごすことになるので少し広めだとベター。

- □ **タオル類**
  大きめのバスタオルは、キャリーにかけて目隠しにも。

- □ **排泄用品**
  ペットシーツ、トイレ砂。シーツは多めに用意を。

- □ **新聞紙**
  こまかく割いてトイレ砂の代わりにも。

- □ **密閉式のゴミ袋、ビニール袋**
  排泄後のゴミの始末に。消臭スプレーもお役立ち。

- □ **飲んでいる薬**
  持病があれば。

いざというとき

マイクロチップの装着を検討してみる

東日本大震災の際、多くの犬や猫が迷子になりました。それをきっかけに動物愛護管理法が改正されて、ペットの販売業者にはマイクロチップの装着が義務づけられ、2022年6月から施行予定です。

チップには個体識別用の15桁の番号が記録されていて、飼い主登録を行うことでペットの所有者を明確にできます。首輪や迷子札と違って外れる心配がないので、迷子猫を探すには有効です。

ただ、専用の読み取り機が必要で、動物保護センターの中にはまだ設置されていないところもあります。装着しているかは猫の外見からはわからないので、見逃されることも。そういった理由から、装着したからといって必ず見つかるとは限りませんが、マイクロチップのおかげで愛猫に再会できたというケースも少なくありません。

チップは獣医師によって皮下注射で猫の体内に埋め込まれます。健診時などに相談してみてもいいでしょう。

これっていいの？
なんでするの？

「猫あるある」の
行動を探る

あるある1

置いているものを前足で払い落とす

⇨前足の操作欲や、遊びとしての楽しみ

猫は前足を器用に動かしてあれこれ探索します。その操作欲や、転がすとどうなるか知りたいといった気持ちがあるのでしょう。肉球も敏感なので､物をさわった感触にも興味を持ちます。狩りのときは足で踏みつけることで、獲物の心臓の鼓動を感じ、まだ生きているのかどうかを確認しているともいわれています。

また、飼い主さんが「あ〜っ！」などと反応したり、落としたものを拾ってくれたりすると、そのリアクションが楽しくて遊びと思っている場合もあります。

あるある2

爪とぎがあるのに壁や家具で爪をとぐ

⇨爪とぎが目立たない場所にあると使わない

猫が爪とぎするのは、そこが自分のなわばりとアピールするため。目立つ場所に自分の爪の跡やにおいを残しておきたいのです。爪とぎが目立たない場所にあるとスルーしている可能性があるので、まずは爪とぎの置き場所を見直してみましょう。

爪をとぐタイミングで多いのは食事や昼寝のあと。そのときに猫がよく行く場所の目立つところに置いておきます。爪をとぐために遠くまで行く必要がないようにしておけば、使ってくれるようになります。

あるある3

パソコンの作業中に邪魔してくる

⇨飼い主さんのリアクションが猫的にはうれしい

飼い主さんが作業に集中している様子を見て猫は、画面の前やキーボードの上に行けば、自分も飼い主さんの注目を集めることができるだろうと思うのです。作業中で動くことができない飼い主さんは、その場所からどいてもらおうと猫をなでたり、話しかけたりしますね。それは猫的にはうれしいことなので、「パソコンの前やキーボードの上にのると、いいことがある」とその行動を繰り返すようになります。

あるある4

新聞や雑誌の上に寝転がる

⇨相手をしてもらえるチャンスだと思う

パソコンと同じで、新聞や雑誌を読み始めた飼い主さんはその場所から動かないので、相手をしてもらえるチャンスだとやってくるのです。また新聞紙や雑誌の紙は温かく、においをつけやすいので、その上に好んで横たわるということも考えられます。猫がのってきたときに、飼い主さんがその場から離れるのを繰り返せば、のらなくなります。

あるある5

寝ていると顔の上にのってくる

⇨温かさ、安心感を求めている

顔の上が温かいのと、飼い主さんの頸動脈がドキドキするのを感じることで、胎児だったころ母猫の心臓音を聞いていたときの安心感が得られます。また、口のまわりはいろんなにおいがします。そのにおいをかいで顔をすりつけ、大好きな飼い主さんのにおいと自分のにおいを混ざり合わせたいのです。

顔にのると、飼い主さんが眠りから覚めたり、起きてなでてくれるとわかっている面もあるでしょう。

あるある6

こちらをじーっと見てくる

⇨要求、愛情、不安などさまざまな場合がある

猫が見つめてくるのには、さまざまな理由が考えられます。おなかがすいていて、ごはんがほしいと訴えている場合だったり、見つめながらゆっくりまばたきしてくるなら、飼い主さんに愛情を伝えています。興奮して動揺しているときや恐怖や不安を感じているときもじっと見てきますが、どんな気持ちなのかを理解するには、ボディランゲージ（p.88～91）とあわせて判断しましょう。

あるある7

飼い主さんの涙をなめる

⇨飼い主さんの様子が
　おかしいとは気づいている

　犬は飼い主さんの気持ちに同調するといわれますが、猫についてはわかっていません。ただ、ふだんと違うことに敏感なので、飼い主さんの様子がおかしいと気づいて近づいてきて、涙に興味を持ってなめたのかもしれません。

　また、落ち込んでいた飼い主さんに近づくとなでてくれたり、飼い主さんがやけ食いしてそのおこぼれが落ちてきた、などの経験があったのかもしれません。そういう経験が何度かあると猫は、落ち込んだ飼い主さんのそばではいいことが起きると思うようになります。

あるある8

やわらかいものを前足でフミフミする

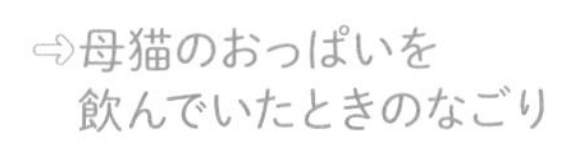

⇨母猫のおっぱいを
　飲んでいたときのなごり

　子猫のときに母猫のおっぱいを飲むとき、前足でフミフミしていたときのなごりです。布団や毛布、人の体などやわらかいものにふれると、子猫時代の記憶がよみがえりフミフミするのです。また、寝場所をより居心地よくするため、やわらかくするつもりでフミフミしている場合もあります。

　いずれの場合も猫のフミフミは、気持ちがよくて満たされているときに見られます。

あるある 9

犬と飼っていると行動が犬っぽくなる

⇨子猫のときから犬と育つと、「犬っぽい猫」になる場合も

子猫の社会化（p.98）の時期のころ、まわりにいた動物や人の行動は、猫に大きな影響を与えます。子猫のころから犬といっしょに育つと、行動のお手本が犬になり、似た行動をとるようになることがあると考えられます。同様に、子犬が猫と育った場合も「猫っぽい犬」になる可能性があります。

ただ、猫が犬のボディランゲージをしていたとしても、それは単なる模倣であって、心理的にはボディランゲージに表れているとおりとは限りません。気持ちを推し量るときは注意が必要です。

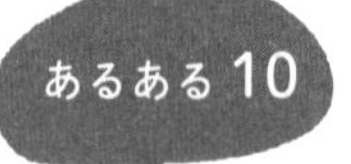

箱や袋の中にすぐ入ってしまう

⇨安心な隠れ場所とみなしている

猫は狭くて暗い場所が好きです。しかも箱や袋の中は温かいので快適。自分は隠れながら相手を観察できる安心な隠れ場所として利用しているのです。箱が小さすぎて体がはみ出ている場合もありますが、猫は全身が入ることより、ぴったりした感覚を好み、そこから安心感を得ます。

家にお迎えしたときや引っ越した際などは、猫が入れる小さめの箱があると新しい環境に慣れやすいと考えられます。

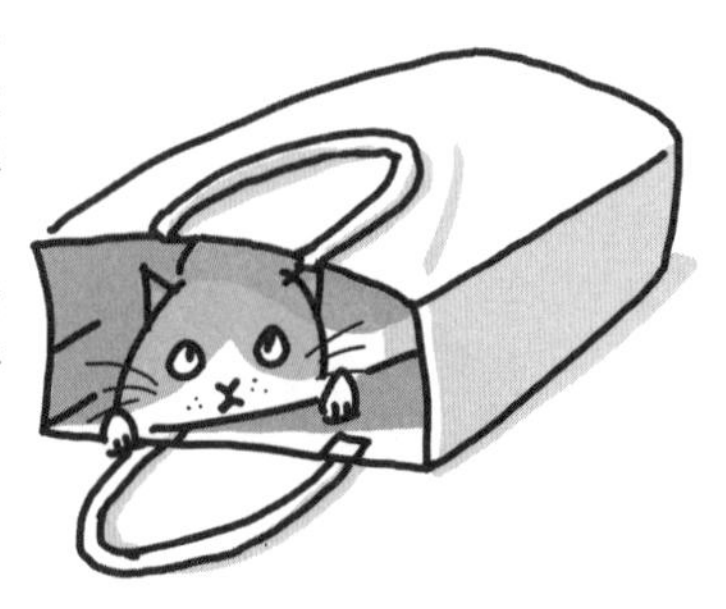

冷蔵庫の上にのってしまう

⇨高くて温かい場所として好まれる

高い場所が好きなのは猫の本能です。野生では、高くて見晴らしのいい場所に自分の身を隠しながら、獲物を探したり、敵がいないかと見回していました。冷蔵庫の上は温かいというのもポイントになります。

多頭飼育の場合、他の猫におびえた猫が、冷蔵庫の上を隠れ場所にしていることも。その場合は、冷蔵庫以外の安心できる居場所を用意してあげましょう。

あるある 12

高い場所から降りられない

⇨猫の爪は下りることには向かない

猫の爪の形は、上るのには適していますが､下りるのには向いていません。ひょいひょい上ったはいいけれど、飛び降りるのには高すぎる場所だと、こわくて立ち往生してしまうことも。

飼い主さんが騒ぐとよけい降りてこなくなることがあるので、お気に入りのおやつを下に置いて、猫が自分から降りてくるのを待ちましょう。繰り返すようなら、長めの板など、スロープとして使えるものを用意しておくといいかもしれません。

あるある13

前足を使い水をすくって飲む

⇨遊びにしているか、顔を水に近づけるのが不安なのか

前足を使うのは、水が動くのがおもしろく、遊びになっている可能性があります。

ほかには、ヒゲが水に当たるのがいやだったり、器に顔を突っ込むとまわりが見えなくなるので不安という理由も考えられます。また、器のどこまで水が入っているかはっきりせず、顔をどのぐらい近づけていいのかわからないので前足を使うというケースも。猫にしてみると水量（水面の高さ）が一定しないのは、ちょっとしたストレスなのです。浅くて広い器にして、水の量は一定に保つようにしてあげるといいですね。

あるある14

水道の蛇口の水に頭を突っ込む

⇨水を獲物に見立て、水流を楽しんでいる

水道から出てくる流水に頭を突っ込んで、頭で水がはじけて飲めていない猫の動画もよく目にします。この場合、猫は水を飲みたいというより、水をとらえどころのない獲物に見立てて遊んでいるのです。水の動きに夢中になっているので、自分の頭が濡れていても気にしないか、気づいていないのでしょう。または、頭を動かすと水流が変わるので、それも楽しんでいるのかもしれません。

あるある15

甘噛みしていたら急に強く噛んでくる

⇨興奮してきたか、やめてほしいか

猫は親愛の情を相手に伝えるために、お互いがお互いをなめ合う、相互グルーミングをします。なめる以外にも前歯で軽く噛み合うこともあり、飼い主さんに甘噛みするのもそのひとつ。ただ、飼い主さんになでられているうちに興奮してくると、ガブッと噛んでしまう習性もあります。これを「愛撫誘発性攻撃行動」といいます。もう十分だからやめてと伝えたくて噛んでくるので、猫がいやがっているボディランゲージを出していないか、なでながら様子を見ましょう（p.131参照）。

あるある16

ゴキブリや昆虫などを捕まえる

⇨動くものに狩猟本能をかき立てられる

動くものを見つけると、狩猟本能が働いて捕まえてしまうのです。相手が動きを止めると、興味をなくしてしまうこともあります。

空腹だとより狩猟本能はかき立てられますが、空腹でない場合も遊びとして、追いかけたくなってしまいます。捕まえた獲物を食べる場合もあれば、捕まえただけで満足してそのまま放置することも。

あるある 17

自分で勝手にドアを開けてしまう

⇨猫の開けにくいタイプのドアノブに

ドアノブを前足で上手に開けることができる猫は、飼い主さんがドアを開けるのを見て学習したのです。脱走などの危険がなく、飼い主さんが気にならないのであれば問題ありません。

開けられると困るのであれば、猫が開けるのがむずかしくなる工夫をします。猫が開けやすいのは、横長のハンドルを下に押し下げるタイプなので、それを縦向きにつけ替えたり、丸いタイプにするなどの方法があるでしょう。

あるある 18

来客時には姿を隠してしまう

⇨においをかげるようにして慣れてもらう

知らないものから逃げ隠れするのは猫の習性です。お客さんのいる部屋の戸を少し開けておき、においをかげるようにしておくと、慣れたら近づいてくることがあります。

猫がおびえないよう、お客さんにはゆっくり動いてもらうことをお願いしておきましょう。猫の好きなおやつやおもちゃを用意しておき、それを使ってもらえば、そのお客さんに対する印象がいいものになります。

あるある19

トイレやお風呂についてくる

⇨飼い主さんに
相手してもらえる場所と思っている

トイレや浴槽は人間がじっとしている場所でもあるので、そこに行くと飼い主さんに相手をしてもらえる、と思っているのです。いっしょに入ったときになでてもらった、声をかけてもらったなどいい経験があれば、またついていきたくなります。お風呂のフタの上が温かい、タイルが冷んやりして気持ちいいなどの理由もあるかもしれません。

飼い主さんがいいなら問題ありませんが、入れたくなければ、外でひとり遊びできるおもちゃなどを与えるといいでしょう。

あるある20

ぎゅうぎゅう状態になって寝る

⇨相性のいい猫同士が
寝場所をシェアしている

多頭飼いで何匹かいっしょになって寝るのは、他の猫がまわりを見張っていてくれるだろうと、相手に頼れるから。とはいえ、相手も同じことを思っているので、飼い猫では実際にはみんな寝てしまっているものですが。

いっしょに寝るのは相性がいい証拠。お気に入りの寝場所をシェアするのを許している相手ということなのです。

監修

茂木千恵（もぎちえ）
ヤマザキ動物看護大学(動物臨床行動学研究室)准教授。獣医師、博士(獣医学)。日本動物看護学会、日本獣医動物行動研究会所属。大学での教育活動のほか、猫や犬の問題行動の治療カウンセリング、問題行動予防のための調査研究などを行っている。

荒川真希（あらかわまき）
ヤマザキ動物看護大学（動物臨床栄養教育学研究室）助教。認定動物看護師、修士（獣医保健看護学）、ペット栄養管理士、日本動物看護学会常務理事。日本ペット栄養学会所属。CATvocate 取得。猫の泌尿器疾患予防を栄養学的側面から研究し、動物看護学の実践的教育を行っている。

ブックデザイン　横田洋子
イラスト　深尾竜騎
校正　北原千鶴子
DTP　伊大知桂子
協力　西依三樹（p.80～82）　株式会社ペティオ（p.143）
取材・文　溝口弘美、伊藤英理子
編集担当　松本可絵（主婦の友社）

参考文献　『ネコの気持ちと飼い方がわかる本』（主婦の友社）
※動物には個体差があるため、掲載内容がすべての猫に必ずあてはまるとは限りません。

猫(ねこ)にいいこと大全(たいぜん)

2021年7月31日　第1刷発行

編　者　主婦の友社
発行者　平野健一
発行所　株式会社主婦の友社
〒141-0021
東京都品川区上大崎3-1-1 目黒セントラルスクエア
電話 03-5280-7537（編集）
03-5280-7551（販売）
印刷所　大日本印刷株式会社

　ISBN978-4-07-447764-7

■本書の内容に関するお問い合わせ、また、印刷・製本など製造上の不良がございましたら、主婦の友社（電話 03-5280-7537）にご連絡ください。
■主婦の友社が発行する書籍・ムックのご注文は、お近くの書店か主婦の友社コールセンター（電話 0120-916-892）まで。
＊お問い合わせ受付時間　月～金（祝日を除く）9:30 ～ 17:30
主婦の友社ホームページ　https://shufunotomo.co.jp/